AUTODESK.

龙马高新教育◎编著

新手学
AutoCAD 2017

快 1800张图解轻松入门 **学会**
好 80个视频扫码解惑 **完美**

U0201057

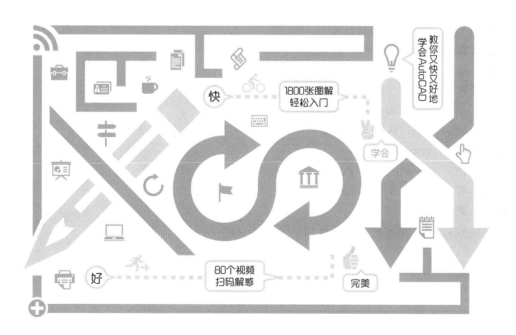

北京大学出版社
PEKING UNIVERSITY PRESS

内 容 提 要

本书通过精选案例引导读者深入学习，系统地介绍 AutoCAD 2017 的相关知识和应用技巧。

全书共 12 章。第 1 章主要介绍 AutoCAD 2017 的基础知识和基本设置等；第 2 ～ 8 章主要介绍图形的绘制方法，包括绘制二维图、编辑二维图形、绘制和编辑复杂对象、文字与表格、尺寸标注、图块及图层等；第 9~10 章主要介绍三维图形的绘制方法，包括三维建模及编辑三维模型等；第 11 ～ 12 章主要介绍 AutoCAD 360 的使用，包括 AutoCAD 360 快速入门及 AutoCAD 360 的绘图与编辑等。

本书不仅适合计算机的初、中级用户学习使用，还可以作为各类院校相关专业学生和计算机培训班学员的教材或辅导用书。

图书在版编目（CIP）数据

新手学 AutoCAD 2017 / 龙马高新教育编著 . —— 北京：北京大学出版社，2017.12
ISBN 978–7–301–28829–0

Ⅰ . ①新… Ⅱ . ①龙… Ⅲ . ① AutoCAD 软件 Ⅳ . ① TP391.72

中国版本图书馆 CIP 数据核字 (2017) 第 247676 号

书　　　名	**新手学 AutoCAD 2017**	
	XINSHOU XUE AutoCAD 2017	
著作责任者	龙马高新教育 编著	
责 任 编 辑	尹 毅	
标 准 书 号	ISBN 978–7–301–28829–0	
出 版 发 行	北京大学出版社	
地　　　址	北京市海淀区成府路 205 号　　100871	
网　　　址	http://www.pup.cn　　新浪微博：@ 北京大学出版社	
电 子 信 箱	pup7@ pup.cn	
电　　　话	邮购部 62752015　发行部 62750672　编辑部 62580653	
印 刷 者	三河市博文印刷有限公司	
经 销 者	新华书店	
	787 毫米 ×1092 毫米　16 开本　19.25 印张　382 千字	
	2017 年 12 月第 1 版　2017 年 12 月第 1 次印刷	
印　　　数	1—3000 册	
定　　　价	39.00 元	

·前言·

AutoCAD 是由美国 Autodesk 公司开发的通用 CAD（Computer Aided Design，计算机辅助设计）软件，随着计算机技术的迅速发展，计算机绘图技术被广泛应用在机械、建筑、家居、纺织和地理信息等诸多行业，并发挥着越来越大的作用。本书从实用的角度出发，结合实际应用案例，模拟真实的工作环境，介绍 AutoCAD 2017 的使用方法与技巧，旨在帮助读者全面、系统地掌握 AutoCAD 的应用。

读者定位

本书系统详细地讲解了 AutoCAD 2017 的相关知识和应用技巧，适合有以下需求的读者学习。

※ 对 AutoCAD 2017 一无所知，或者在某方面略懂、想学习其他方面的知识。

※ 想快速掌握 AutoCAD 2017 的某方面应用技能，如编辑二维图形、三维建模、AutoCAD 360……

※ 在 AutoCAD 2017 使用的过程中，遇到了难题不知如何解决。

※ 想找本书自学，在以后工作和学习过程中方便查阅知识或技巧。

※ 觉得看书学习太枯燥、学不会，希望通过视频课程进行学习。

※ 没有大量时间学习，想通过手机进行学习。

※ 担心看书自学效率不高，希望有同学、老师、专家指点迷津。

本书特色

➜ 简单易学，快速上手

本书以丰富的教学和出版经验为底蕴，学习结构切合初学者的学习特点和习惯，模拟真实的工作学习环境，帮助读者快速学习和掌握。

➟ **图文并茂，一步一图**

本书图文对应，整齐美观，所有讲解的每一步操作，均配有对应的插图和注释，以便读者阅读，提高学习效率。

➟ **痛点解析，清除疑惑**

本书每章最后整理了学习中常见的疑难杂症，并提供了高效的解决办法，旨在解决在工作和学习中的问题的同时，巩固和提高学习效果。

➟ **大神支招，高效实用**

本书每章提供有一定质量的实用技巧，满足读者的阅读需求，也能帮助读者积累实际应用中的妙招，扩展思路。

◎ 配套资源

为了方便读者学习，本书配备了多种学习方式，供读者选择。

➟ **配套素材和超值资源**

本书配送了 10 小时高清同步教学视频、本书素材和结果文件、通过互联网获取学习资源和解题方法、AutoCAD 行业图纸模板、AutoCAD 应用技巧、AutoCAD 设计源文件、AutoCAD 图块集模板、手机办公 10 招就够、高效人士效率倍增手册等超值资源。

（1）下载地址。

扫描下方二维码或在浏览器中输入下载链接：http://v.51pcbook.cn/download/28829.html，即可下载本书配套光盘。

提示：如果下载链接失效，请加入"办公之家"群（218192911），联系管理员获取最新下载链接。

（2）使用方法。

下载配套资源到电脑端，单击相应的文件夹可查看对应的资源。每一章所用到的素材文件均在"本书实例的素材文件、结果文件 \ 素材 \ch*"文件夹中。读者在操作时可随时取用。

➥ **扫描二维码观看同步视频**

使用微信、QQ 及浏览器中的"扫一扫"功能，扫描每节中对应的二维码，即可观看相应的同步教学视频。

➥ **手机版同步视频**

用户可以扫描下方二维码下载龙马高新教育手机 APP，用户可以直接安装到手机中，随时随地问同学、问专家，尽享海量资源。同时，我们也会不定期向读者手机中推送学习中的常见难点、使用技巧、行业应用等精彩内容，让学习更加简单高效。

💡 **更多支持**

本书为了更好地服务读者，专门设置了 QQ 群为读者答疑解惑，读者在阅读和学习本书过程中可以把遇到的疑难问题整理出来，在"办公之家"群里探讨学习。另外，群文件中还会不定期上传一些办公小技巧，帮助读者更方便、快捷地操作办公软件。

作者团队

本书由龙马高新教育编著。孔长征任主编，左琨、赵源源任副主编，参与本书编写、资料整理、多媒体开发及程序调试的人员有孔万里、周奎奎、张任、张田田、尚梦娟、李彩红、尹宗都、王果、陈小杰、左琨、邓艳丽、崔姝怡、侯蕾、左花苹、刘锦源、普宁、王常吉、师鸣若、钟宏伟、陈川、刘子威、徐永俊、朱涛和张允等。

在编写过程中，我们竭尽所能地为读者呈现最好、最全的实用功能，但仍难免有疏漏和不妥之处，敬请广大读者不吝指正。若在学习过程中产生疑问，或有任何建议，可以与我们联系交流。

投稿信箱：pup7@pup.cn

读者信箱：2751801073@qq.com

读者交流 QQ 群：218192911（办公之家）

·目录·

Contents

第3章 编辑二维图形——绘制定位压盖 55

第6章 尺寸标注——给齿轮轴添加尺寸标注 131

第9章　三维建模——创建升旗台模型 ····················· 217

第 11 章 AutoCAD 360 快速入门 265

第 12 章 AutoCAD 360 的绘图与编辑 271

第一章

快速掌握 AutoCAD 2017
——创建样板文件

>>> 如何安装和启动 AutoCAD 2017？

>>> AutoCAD 2017 的工作界面介绍。

>>> 如何调用 AutoCAD 2017 命令？

>>> 如何进行草图设置？

>>> 如何进行系统选项设置？

>>> 如何通过备份文件和临时文件找回丢失的文件？

这一章将告诉你如何快速入门 AutoCAD 2017。

1.1 AutoCAD 的安装与启动

应用 AutoCAD 2017 之前，首先要正确的安装该软件，并知道如何启动和
退出该软件，本节就来介绍一下如何安装、启动以及退出 AutoCAD 2017。

1.1.1 AutoCAD 的安装

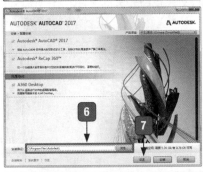

1 双击安装程序【Setup.exe】，进入【安装初始化】界面。

2 选择需要安装的语言。

3 单击【安装】按钮。

4 在打开的界面中选中【我接受】复选框。

5 单击【下一步】按钮。

6 在打开的界面中选择安装路径。

7 单击【安装】按钮。

8 选择的模块多少决定了安装的时间，需要 15~30 分钟。

9 单击【完成】按钮。

提示：

如果计算机上要同时安装多个版本的CAD，一定要先安装低版本的，再安装高版本的。如果读者的安装程序是压缩的，首先要把压缩程序解压到一个不含中文字符的文件夹中，然后再进行安装。

1.1.2 启动 AutoCAD 2017

启动 AutoCAD 2017 的具体操作步骤如下。

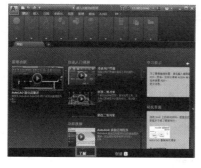

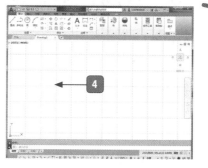

1 选择【开始】→【所有程序】→【Autodesk】→【AutoCAD 2017- 简体中文（Simplified Chinese）】→【AutoCAD 2017】选项。

2 打开【创建】选项卡界面。

3 单击【开始绘制】图标。

4 打开【AutoCAD 2017】工作界面。

提示：

除了通过程序打开 AutoCAD 2017 外，双击桌面的快捷图标，也可以打开 AutoCAD 2017。打开 AutoCAD 2017 后，在弹出的界面选择【了解】选项卡，可以观看"新特性"和"快速入门"等视频。

1.1.3 退出 AutoCAD 2017 的方法

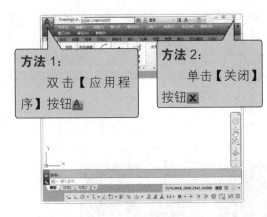

方法 1:
　　双击【应用程序】按钮▲

方法 2:
　　单击【关闭】按钮✖

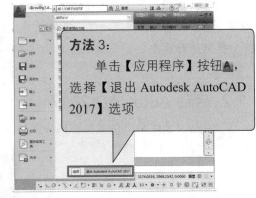

方法 3:
　　单击【应用程序】按钮▲，选择【退出 Autodesk AutoCAD 2017】选项

提示:
　　除了上述 3 种关闭 AutoCAD 2017 的方法外，还可以通过在命令行输入【quit】命令或按【Alt+F4】组合键关闭。

1.2 AutoCAD 2017 界面简介

AutoCAD 2017 界面简介如下图所示。

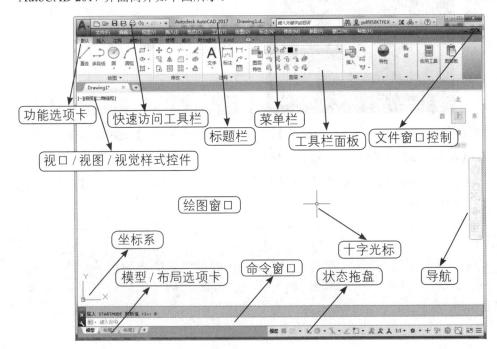

1.2.1　切换工作空间

切换工作空间有以下两种方法。

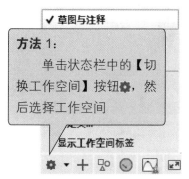 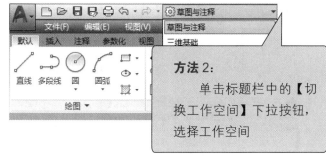

方法1：
单击状态栏中的【切换工作空间】按钮 ✿，然后选择工作空间

方法2：
单击标题栏中的【切换工作空间】下拉按钮，选择工作空间

提示：

AutoCAD 2017 默认只有【草图与注释】【三维基础】和【三维建模】3 个空间。

小白： 我切换工作空间后，菜单栏怎么不见了？

大神： 因为在切换工作空间后，AutoCAD 会默认隐藏菜单栏。你可以按下面步骤操作，将菜单栏显示出来即可。

1️⃣ 单击此下拉按钮。

2️⃣ 在弹出的下拉列表中选择【显示菜单栏】选项。

3️⃣ 即可显示出菜单栏。

1.2.2　控制选项卡和面板的显示

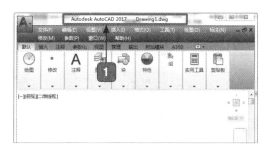 

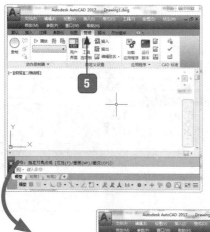

1. 新建一个图形文件。

2. 在选项卡或面板的空白处右击，在弹出的快捷菜单中选择【显示选项卡】选项。

3. 在级联菜单中选择【A360】选项，将其前面的"√"去掉。

4. 即不再显示【A360】选项卡。

5. 选择【管理】选项卡。

6. 在选项卡或面板的空白处右击，在弹出的快捷菜单中选择【显示面板】→【应用程序】选项，将其前面的"√"去掉。

7. 【管理】选项卡下不再显示【应用程序】面板。

1.2.3 命令行与文本窗口

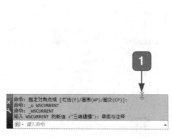

1 拖动箭头可以调节命令行的显示行数，以及查看之前的命令记录。

2 选择【视图】→【显示】→【文本窗口】选项。

3 即可显示文本窗口，可以查看正在应用的或之前的命令。

1.2.4 给状态栏"减减肥"

1 单击【自定义】按钮≡。

2 取消选中不需要显示的对象。

3 "减肥"后的状态栏。

1.3 命令的调用方法

下面以调用【直线】命令为例介绍命令调用方法的操作。

1.3.1 菜单栏调用

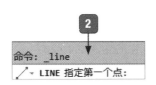

1 选择【绘图】菜单→【直线】选项。

2 执行命令后，命令行提示下一步操作。

1.3.2 选项卡面板调用

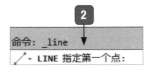

1 单击【默认】选项卡→【绘图】面板→【直线】按钮。

2 执行命令后，命令行提示下一步操作。

提示：

　　选项卡面板调用命令时，有时候命令的位置并不唯一。例如，【智能标注】既可以通过【默认】选项卡→【注释】面板→【标注】按钮调用，也可以通过【注释】选项卡→【标注】面板→【标注】按钮调用。

 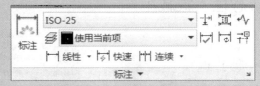

1.3.3 命令行调用

小白： 命令行调用命令需要记住命令的英文拼写，明明很复杂，为什么很多人说命令行调用命令最快捷？

大神： 如果每个命令都要记住它的全拼确实很难，但是每个命令都有缩写啊，你只需要记住它们的缩写就可以了。例如，【LINE】的缩写就是【L】，只需要在命令行输入【L】，然后按【Space】键或【Enter】键即可调用。

小白： 那么多命令，要全记住它们的缩写也不容易啊，而且这些命令的缩写我也根本不知道啊？

大神： AutoCAD 的命令有很多，只需要记住那些常用的命令的缩写就可以了，对于不常用的命令，可以通过菜单栏或选项卡面板调用。常用命令的全拼及缩写如下表所示。

命令全名	简写	对应操作	命令全名	简写	对应操作
POINT	PO	绘制点	LINE	L	绘制直线
XLINE	XL	绘制射线	PLINE	PL	绘制多段线
MLINE	ML	绘制多线	SPLINE	SPL	绘制样条曲线
POLYGON	POL	绘制正多边形	RECTANGLE	REC	绘制矩形
CIRCLE	C	绘制圆	ARC	A	绘制圆弧
DONUT	DO	绘制圆环	ELLIPSE	EL	绘制椭圆
REGION	REG	面域	MTEXT	MT/T	多行文本
BLOCK	B	块定义	INSERT	I	插入块
WBLOCK	W	定义块文件	DIVIDE	DIV	定数等分
BHATCH	H	填充	COPY	CO/CP	复制
MIRROR	MI	镜像	ARRAY	AR	阵列
OFFSET	O	偏移	ROTATE	RO	旋转

命令全名	简写	对应操作	命令全名	简写	对应操作
MOVE	M	移动	EXPLODE	X	分解
TRIM	TR	修剪	EXTEND	EX	延伸
STRETCH	S	拉伸	SCALE	SC	比例缩放
BREAK	BR	打断	CHAMFER	CHA	倒角
PEDIT	PE	编辑多段线	DDEDIT	ED	修改文本
PAN	P	平移	ZOOM	Z	视图缩放

大神：如果觉得命令缩写还是记不住，只要记住命令的首字母，在命令行输入首字母，命令行会把所有以该字母开头的命令全部列出，只需从中选择即可，如输入"L"，命令行会把所有以"L"为首字母的命令列出来以供选择。

1.3.4 重复执行命令

如果重复执行的是刚结束的命令，直接按【Enter】键或【Space】键即可完成此操作。

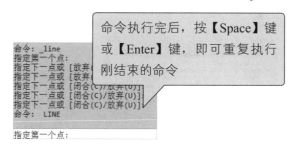

在绘图窗口右击，在弹出的快捷菜单中，通过"重复"或"最近输入的"选项可以重复执行最近执行的命令，此外，单击命令行【最近使用命令】的下拉按钮，在弹出的快捷菜单中也可以选择最近执行的命令，如下图所示。

> **提示：**
>
>   对于要连续多次重复执行的命令，可以通过【MULTIPLE】＋重复命令来实现，这样可以一直执行重复命令，直到按【Esc】键退出命令。

如果要连续执行直线命令，则可以进行如下操作。

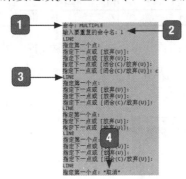

1 在命令行输入【MULTIPLE】命令。

2 输入要重复执行的命令或命令缩写。

3 AutoCAD 会自动执行命令。

4 按【Esc】键退出命令。

1.4 草图设置

使用系统提供的极轴追踪、对象捕捉和正交等功能，可以使用户在不知道坐标的情况下也能精确定位和绘制图形。这些设置都是在草图设置对话框中进行的。

1.4.1 极轴追踪设置

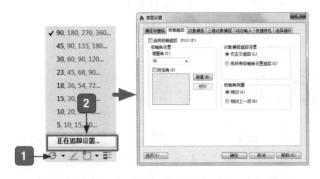

1 右击【极轴追踪】按钮。

2 在弹出的快捷菜单中选择【正在追踪设置】选项，即可打开【极轴追踪】选项卡。

【极轴追踪】选项卡各选项的含义如下表所示。

选项	含义
启用极轴追踪	只有选中前面的复选框，下面的设置才起作用。除此之外，下面两种方法也可以控制是否启用极轴追踪
增量角	用于设置极轴追踪对齐路径的极轴角度增量，可以直接输入角度值，也可以从列表框中选择 90°、45°、30° 或 22.5° 等常用角度。当启用极轴追踪功能之后，系统将自动追踪该角度整数倍的方向

选项	含义
附加角	选中此复选框，然后单击"新建"按钮，可以在左侧窗口中设置增量角之外的附加角度。附加的角度系统只追踪该角度，不追踪该角度的整数倍的角度
极轴角测量	用于选择极轴追踪对齐角度的测量基准，若选中【绝对】单选按钮，将以当前用户坐标系（UCS）的 X 轴正向为基准确定极轴追踪的角度；若选中【相对上一段】单选按钮，将以上一次绘制线段的方向为基准确定极轴追踪的角度

提示：

极轴追踪和正交模式不能同时启用，当启用极轴追踪后，系统将自动关闭正交模式；同理，当启用正交模式后，系统将自动关闭极轴追踪。在绘制水平或竖直直线时常将正交模式打开，在绘制其他直线时常将极轴追踪打开。

1.4.2 对象捕捉设置

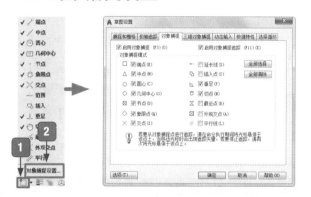

1 右击【对象捕捉】按钮。

2 在弹出的快捷菜单中选择【对象捕捉设置】选项，打开【对象捕捉】选项卡。

【对象捕捉】选项卡各选项的含义如下表所示。

选项	含义
端点	捕捉到圆弧、椭圆弧、直线、多线、多段线、样条曲线等的最近点
中点	捕捉到圆弧、椭圆、椭圆弧、直线、多线、多段线、面域、实体、样条曲线或参照线的中点
圆心	捕捉到圆心
几何中心点	捕捉到多段线、二维多段线和二维样条曲线的几何中心点
节点	捕捉到点对象、标注定义点或标注文字起点
象限点	捕捉到圆弧、圆、椭圆或椭圆弧的象限点
交点	捕捉到圆弧、圆、椭圆、椭圆弧、直线、多线、多段线、射线、面域、样条曲线或参照线的交点
延长线	光标经过对象的端点时，显示临时延长线或圆弧，以便在延长线或圆弧上指定点

续表

选项	含义
插入点	捕捉到属性、块、形或文字的插入点
垂足	捕捉圆弧、圆、椭圆、椭圆弧、直线、多线、多段线、射线、面域、实体、样条曲线或参照线的垂足
切点	捕捉到圆弧、圆、椭圆、椭圆弧或样条曲线的切点
最近点	捕捉到圆弧、圆、椭圆、椭圆弧、直线、多线、点、多段线、射线、样条曲线或参照线的最近点
外观交点	捕捉到不在同一平面但是可能看起来在当前视图中相交的两个对象的外观交点
平行线	将直线段、多段线、射线或构造线限制为与其他线性对象平行

1.4.3 三维对象捕捉

1 右击【对象捕捉】按钮 。

2 在弹出的快捷菜单中选择【对象捕捉设置】选项，在打开的【草图设置】对话框中，打开【三维对象捕捉】选项卡。

【三维对象捕捉】选项卡各选项的含义如下表所示。

选项		含义
对象捕捉模式	顶点	捕捉到三维对象的最近顶点
	边中点	捕捉到面边的中心
	面中心	捕捉到面的中心
	节点	捕捉到样条曲线上的节点
	垂足	捕捉到垂直于面的点
	最靠近面	捕捉到最靠近三维对象面的点
点云	节点	捕捉到点云中最近的点
	交点	捕捉到界面线矢量的交点
	边	捕捉到两个平面的相交线最近的点
	角点	捕捉到3条线段的交点
	最靠近平面	捕捉到点云的平面线段上最近的点
	垂直于平面	捕捉到与点云的平面线段垂直的点
	垂直于边	捕捉到与两个平面的相交线垂直的点
	中心线	捕捉到圆柱体中心线的最近点

1.4.4　动态输入装置

【动态输入】选项卡界面如下图所示。

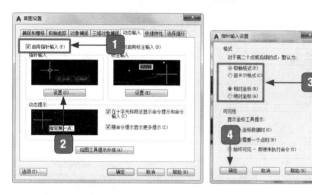

1. 选中【启用指针输入】复选框。
2. 单击【设置】按钮。
3. 设定需要的坐标格式。
4. 单击【确定】按钮。

小白： 设定了第二个点或后续点的坐标格式后，如果想临时改变坐标格式怎么办呢，要重新设定吗？

大神： 重新设定也可以，但是那样太麻烦了，AutoCAD 提供了 3 种方法来改变这种设置。

绝对坐标：输入 "#"，可以将默认的相对坐标设置改变为输入绝对坐标。例如，输入 "#10,10"，那么所指定的就是绝对坐标点 "10,10"。

相对坐标：输入 "@"，可以将事先设置的绝对坐标改变为相对坐标，如输入 "@4,5"。

世界坐标系：如果在创建一个自定义坐标系之后又想输入一个世界坐标系的坐标值时，可以在 X 轴坐标值之前输入 "*"。

1.5　系统选项设置

系统选项用于对系统的优化设置，包括文件设置、显示设置、打开和保存设置、打印和发布设置、系统设置、用户系统配置设置、绘图设置、三维建模设置、选择集设置、配置设置和联机。

1.5.1　显示设置

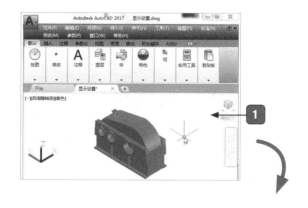

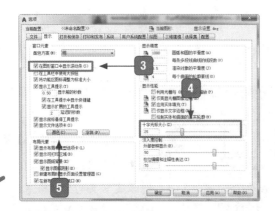

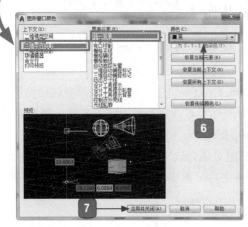

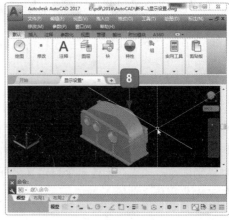

提示:

本书所有的素材和结果文件，请根据前言提供的下载地址进行下载。

1 打开"素材\ch01\显示设置.dwg"文件。

2 单击【应用程序菜单】按钮，在弹出的下拉列表中单击【选项】按钮。

3 选中【在图形窗口中显示滚动条】复选框。

4 设置【十字光标大小】为【25】。

5 单击【颜色】按钮。

6 打开【图形窗口颜色】对话框，选择【三维平行投影】→【统一背景】→【黑】选项。

7 单击【应用并关闭】按钮。

8 设置完成后，出现了滚动条、十字光标指针变大，以及背景变为黑色的效果。

提示:

【选项】对话框的设置将应用到整个 AutoCAD 中，不仅仅是应用到当前文件中。

1.5.2 打开和保存设置

【打开和保存】选项卡中主要选项的含义如下表所示。

选项		含义
	另存为	该选项可以设置文件保存的格式和版本，这里的另存格式一旦设定，将被作为默认保存格式一直沿用下去，直到下次修改为止
	缩略图预览设置	单击该按钮，弹出"缩略图预览设置"对话框，此对话框控制保存图形时是否更新缩略图预览
	增量保存百分比	设置图形文件中潜在浪费空间的百分比。完全保存将消除浪费的空间。增量保存较快，但会增加图形的大小。如果将"增量保存百分比"设置为"0"，则每次保存都是完全保存。要优化性能，可将此值设置为"50"。如果硬盘空间不足，可将此值设置为"25"。如果将此值设置为"20"或更小，【SAVE】和【SAVEAS】命令的执行速度将明显变慢
	自动保存	选中该复选框可以设置保存文件的间隔分钟数，这样可以避免因为意外造成数据丢失
	每次保存时均创建备份副本	提高增量保存的速度，特别是对于大型图形。当保存的源文件出现错误时，可以通过备份文件来恢复，关于如何打开备份文件请参见第 1 章大神支招相关内容
	数字签名	保存图形时将提供用于附着数字签名的选项，要添加数字签名，首先要到 AutoDesk 官网获取数字签名 ID

小白：AutoCAD 2017 图形的保存格式不是应该为 AutoCAD 2017 吗？怎么最高格式只有 AutoCAD 2013？

大神：这是个误区，AutoCAD 每年都有一个新版本，但不是每个版本都对应着一个保存格式，目前，最高的保存格式为 AutoCAD 2013。AutoCAD 保存格式与版本之间的对应关系如下表所示。

保存格式	适用版本
AutoCAD 2000	AutoCAD 2000~ 2002
AutoCAD 2004	AutoCAD 2004~ 2006
AutoCAD 2007	AutoCAD 2007~2009
AutoCAD 2010	AutoCAD 2010 ~2012
AutoCAD 2013	AutoCAD 2013 ~2017

大神：从上表可以看出，AutoCAD 2013 也可以打开 AutoCAD 2017 保存的图形。

小白：突然断电或死机造成的文件没有保存，可以通过【临时图形】来恢复文件，可是临时文件保存在哪儿呢？

大神：在【选项】对话框中打开【文件】选项卡，将【临时图形文件位置】前面的田按钮展开，即可得到系统自动保存的临时文件路径，如下图所示。

1.5.3 用户系统配置

【用户系统配置】选项卡各选项的含义如下表所示。

选项		含义
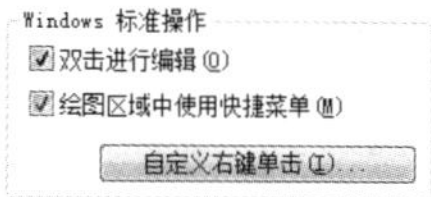	双击进行编辑	选中该复选框后直接双击图形就会弹出相应的图形编辑对话框，就可以对图形进行编辑操作了
	绘图区域中使用快捷菜单	选中该复选框后在绘图区域会弹出相应的快捷菜单。如果取消选中该复选框，则下面的【自定义右键单击】按钮将不可用，CAD直接默认右击相当于重复上一次命令
Windows 标准操作 ☑ 双击进行编辑(Q) ☑ 绘图区域中使用快捷菜单(M) 自定义右键单击(U)...	自定义右键单击	该按钮可控制在绘图区域中右击是显示快捷菜单还是与按【Enter】键的效果相同，单击【自定义右键单击】按钮，弹出【自定义右键单击】对话框，如下图所示 （图：自定义右键单击对话框）

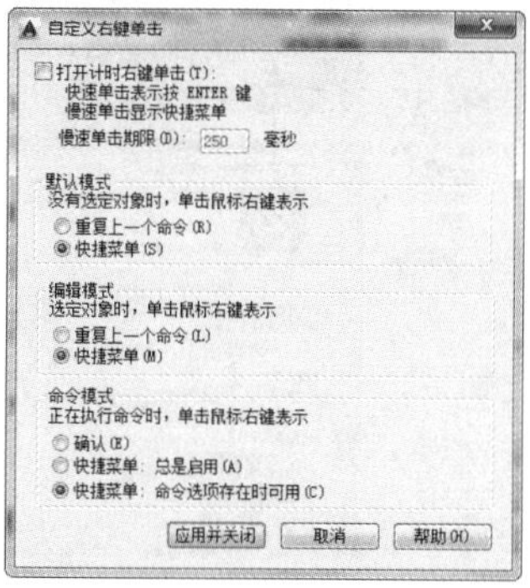

选项	含义
打开计时右击	该复选框控制右击操作。快速单击与按【Enter】键的效果相同。缓慢单击将显示快捷菜单，可以用毫秒来设置缓慢单击的持续时间
默认模式	确定未选中对象且没有命令在运行时，在绘图区域中右击所产生的结果 【重复上一个命令】：当没有选择任何对象且没有任何命令运行时，在绘图区域单击与按【Enter】键效果相同，即重复上一次使用的命令 【快捷菜单】：选中该单选按钮启用"默认"快捷菜单
编辑模式	确定当选中了一个或多个对象且没有命令在运行时，在绘图区域中右击所产生的结果 【重复上一个命令】：当选择了一个或多个对象且没有任何命令运行时，在绘图区域右击与按【Enter】键的效果相同，即重复上一次使用的命令 【快捷菜单】：选中该单选按钮启用"编辑"快捷菜单
命令模式	确定当命令正在运行时，在绘图区域右击所产生的结果 【确认】：当某个命令正在运行时，在绘图区域中右击与按【Enter】键的效果相同 【快捷菜单：总是启用】：启用"命令"快捷菜单 【快捷菜单：命令选项存在时可用】：仅当在命令提示下命令选项为可用状态时，才启用【命令】快捷菜单。如果没有可用的选项，则右击与按【Enter】键的效果一样

1.6 综合实战——创建样板文件

　　每个人的绘图习惯和爱好不同，通过本章介绍的基本设置可以设置适合自己绘图习惯的绘图环境，然后将完成设置的文件保存为 ".dwt" 文件（样板文件的格式），即可创建样板文件。创建样板文件的具体操作步骤如下。

① 单击【选项】按钮。

② 在【选项】对话框中选择【显示】选项卡。

③ 单击【颜色】按钮。

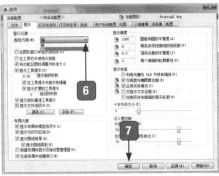

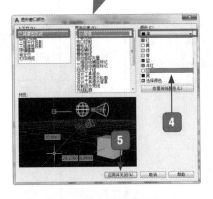

④ 打开【图形窗口颜色】对话框，选择【二维模型空间】→【统一背景】→【白】选项。

⑤ 单击【应用并关闭】按钮。

⑥ 打开【选项】对话框，在【配色方案】下拉列表框中选择【明】选项。

⑦ 单击【确定】按钮。

⑧ 右击【捕捉模式】按钮，在打开的快捷菜单中选择【捕捉设置】选项。

9 取消选中【启用捕捉】和【启用栅格】
复选框。

10 单击【确定】按钮。

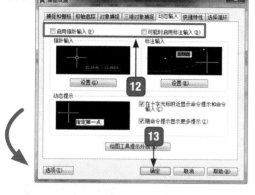

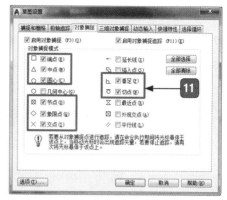

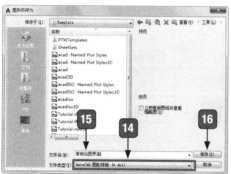

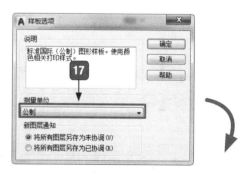

11 在【草图设置】对话框中设置常用的
对象捕捉模式。

12 取消选中【启用指针输入】和【可能
时启用标注输入】复选框。

13 单击【确定】按钮。

14 执行【另存为】命令，在【图形另
存为】对话框中设置【文件类型】为
【AutoCAD 图形样板（*.dwt）】。

15 在【文件名】文本框中输入文件名称。

16 单击【保存】按钮。

19

17 设置【测量单位】为【公制】，然后单击【确定】按钮。

18 再次启动 AutoCAD，然后单击快速访问工具栏的【新建】按钮，可以以刚创建的
样板文件为样板建立一个新的 AutoCAD 文件。

痛点解析

痛点1：为什么我的命令行不能浮动

小白：大神，为什么我的命令行、选项卡、面板都不可以浮动了？

大神：这可能是你选择了【固定窗口】【固定工具栏】选项，只需要重新将这些选项取消即可。

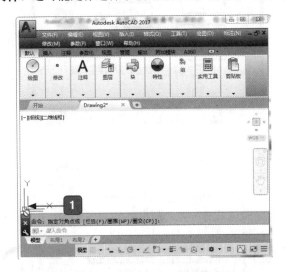

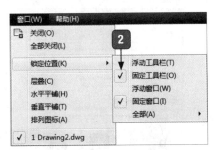

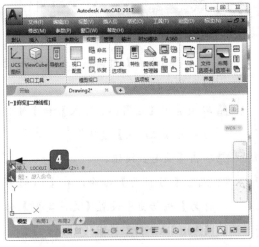

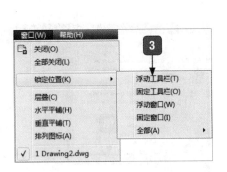

1 按住鼠标无法拖动【命令行】。

2 选择【窗口】→【锁定位置】选择，在级联菜单中【固定工具栏】和【固定窗口】复选框是选中的。

3 取消选中【固定工具栏】和【固定窗口】复选框。

4 按住鼠标拖动【命令行】。

痛点 2：如何打开备份文件和临时文件

小白：大神，都说备份文件和临时文件是为了防止意外时补救图形的，可是我怎么打不开这些文件呢？

大神：AutoCAD 默认的打开格式是".dwg"，而备份文件的格式是".bak"，临时文件的格式是".ac$"，所以将它们的格式改为".dwg"才可以打开。对于临时文件，最好将其复制到其他位置，然后将扩展名改为".dwg"后再打开。

1. 鼠标中键的妙用

用法 1：按住中键平移图形。

用法 2：双击中键，全屏显示图形。

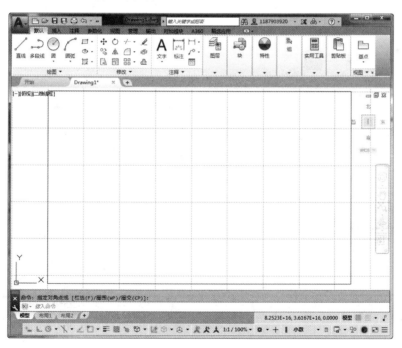

用法 3：按【Shift+ 中键】组合键，可以受约束动态观察图形。

用法 4：按【Ctrl+ 中键】组合键，可以自由动态观察图形。

用法 5：滚动中键可以缩放图形。

2. 临时捕捉

小白：在捕捉的时候，经常同时捕捉几个点，这样往往会影响需要的捕捉点，有没有什么办法只捕捉需要的点呢？

大神：临时捕捉应该可以解决你的烦恼，当需要临时捕捉某点时，可以按【Shift】键或【Ctrl】键并右击，弹出对象捕捉快捷菜单。从中选择需要的命令，再把光标线移到要捕捉对象的特征点附近，即可捕捉到相应的对象特征点。

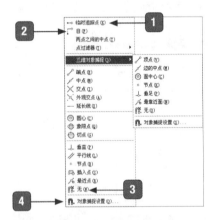

1【临时追踪点】：创建对象捕捉所使用的临时点。

2【自】：从临时参考点偏移。

3【无】：关闭对象捕捉模式。

4【对象捕捉设置】：设置自动捕捉模式。

> **提示：**
> 前面介绍的是自动捕捉模式，一旦设置，将一直捕捉，直到下次重新设置取消捕捉为止。

02
CHAPTER

第 2 章

>>> 为什么绘制的点不显示？

>>> 不知道端点的坐标，怎么绘制直线？

>>> 圆弧有那么多种绘制方法，怎么才能轻松地记住这些方法？

>>> 为什么绘制的正多边形底边总是水平的，如何才能让它不是水平的？

这一章就来告诉你 AutoCAD 中绘制二维图的技巧！

绘制二维图——绘制洗手盆平面图

2.1 点的设置与绘制技巧

AutoCAD 2017 提供了多种点样式及多种点的绘制方法，下面介绍几种常用的点样式及点的绘制方法。

2.1.1 选择自己喜欢的点样式

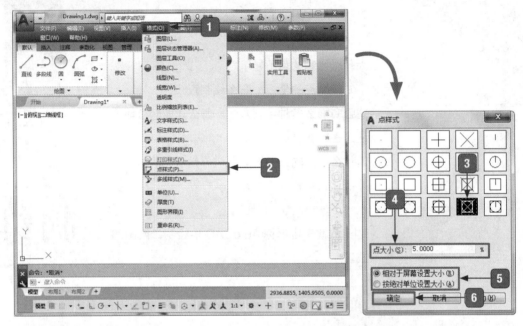

① 单击【格式】菜单项。

② 在弹出的快捷菜单中选择【点样式】选项。

③ 在【点样式】对话框中选择需要的点样式。

④ 设置【点大小】为【5.0000】。

⑤ 选择一种显示大小的方式。

⑥ 单击【确定】按钮。

提示：

　　【相对于屏幕设置大小】：选中此单选按钮，点的大小比例将相对于计算机屏幕，不随图形的缩放而改变。

　　【按绝对单位设置大小】：选中此单选按钮，点的大小表示点的绝对尺寸，当对图形进行缩放时，点的大小也随之变化。

2.1.2 绘制单点

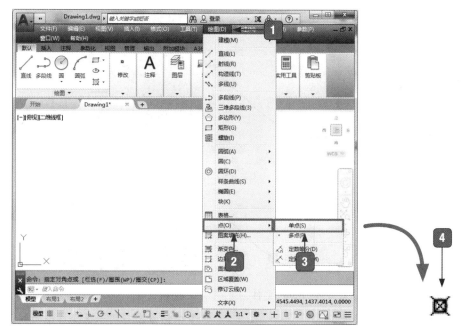

[1] 单击【绘图】菜单项。

[2] 在弹出的快捷菜单中选择【点】选项。

[3] 在级联菜单中选择【单点】命令。

[4] 单击鼠标绘制点。

提示:
点的形状由点样式决定。

2.1.3 绘制多点

[1] 选择【默认】选项卡。

[2] 单击【绘图】面板的下拉按钮,在出现的扩展面板中单击【多点】按钮。

[3] 单击鼠标绘制点,按【Esc】键退出【多点】命令。

2.1.4 定数等分点

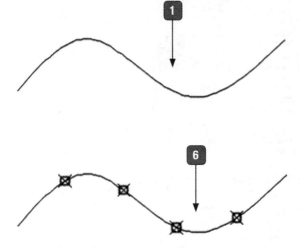

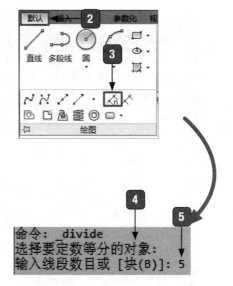

```
命令: divide
选择要定数等分的对象:
输入线段数目或 [块(B)]: 5
```

1 打开"素材\ch02\定数等分.dwg"文件。

2 选择【默认】选项卡。

3 单击【绘图】面板的下拉按钮，在出现的扩展面板中单击【定数等分点】

按钮。

4 根据命令行提示选择样条曲线。

5 在命令行输入线段数目"5"。

6 定数等分效果。

小白：大神，我明明输入的是"5"，为什么结果只有4个点？

大神：这是因为等分点提示输入的是"线段的数目"，而不是等分点的数目。上面输入的是"5"，你看看样条曲线是否被分成了5段。

小白：哦，确实是5段，但只有4个等分点。如果我要等分成6段，则只有5个等分点；等分成7段，则会有6个等分点。

小白：好像有规律哦，就是等分点数始终比等分段数少1，即"等分点数 =N（输入的等分段数）－1"。

大神：对于开放型的图形是这样的，但对于闭合型的图形，生成的等分点数与输入的段数相等。例如，下图所示的圆，将其5等分，等分点数和等分段数都是5。

小白：这么奇妙，我试试。

2.1.5 定距等分点

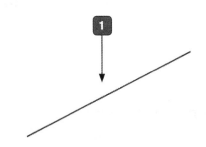

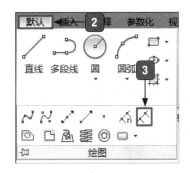

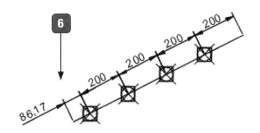

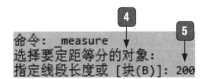

1 打开"素材\ch02\定距等分.dwg"文件。

2 选择【默认】选项卡。

3 单击【绘图】面板的下拉按钮,在出现的扩展面板中单击【定距等分点】按钮。

4 根据命令行提示选择定距等分的对象。

5 在命令行输入定距等分长度"200"。

6 定距等分效果。

小白:大神,我操作的结果(下图)怎么和你的不一样?

大神:这是因为等分是从离你选择的端点较近的一段开始测量的。

大神:在第4步中选择对象时,如果选择点距离右端点较近,则得到如上图所示的结果,如果离左端点较近,则得到如下图所示的结果。

小白:哦,我明白了。可是对于那些不能整除的部分怎么办?

大神:对于不能整除的部分则留在最后一段,如本例中的"86.17"。

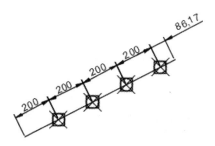

2.2 直线的绘制技巧

AutoCAD 2017 提供了直线的多种绘制方法，下面介绍 3 种常用的绘制直线的方法。

2.2.1 通过绝对坐标绘制直线

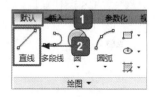

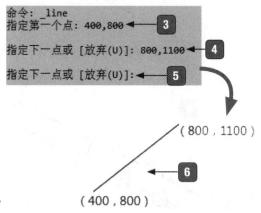

1 选择【默认】选项卡。

2 单击【绘图】面板中的【直线】按钮。

3 在命令行输入第一点的坐标。

4 输入第二点的坐标。

5 按【Space】键或【Enter】键结束命令。

6 通过绝对坐标绘制直线效果。

2.2.2 通过相对坐标绘制直线

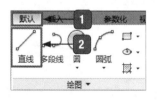

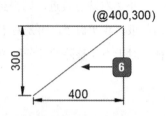

1 选择【默认】选项卡。

2 单击【绘图】面板中的【直线】按钮。

3 单击任意一点作为起点。

4 在命令行输入相对第一点的坐标。

5 按【Space】键或【Enter】键结束命令。

6 通过相对坐标绘制直线效果。

> **提示:**
>
> 相对坐标的第一个值为该点相对上一点在 X 轴方向上的增量，该值可正可负；相对坐标的第二个值为该点相对上一点在 Y 轴方向上的增量，该值可正可负。

2.2.3 通过相对极坐标绘制直线

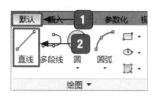

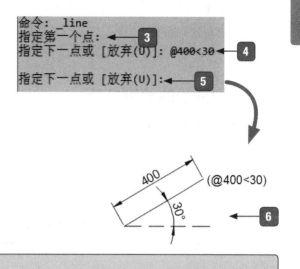

1 选择【默认】选项卡。

2 单击【绘图】面板中的【直线】按钮。

3 单击任意一点作为起点。

4 在命令行输入相对第一点的极坐标。

5 按【Space】键或【Enter】键结束命令。

6 通过相对极坐标绘制直线效果。

> **提示：**
> 注意相对极坐标的形式，角度符号"＜"前为线段的长度，极坐标后为线段与水平线的夹角。

2.3 射线和构造线的绘制技巧

射线是一端固定，另一端可以无限延长的直线，它有端点无中点。构造线是两端都可以无限延长的直线，它有中点无端点。

2.3.1 射线的绘制技巧

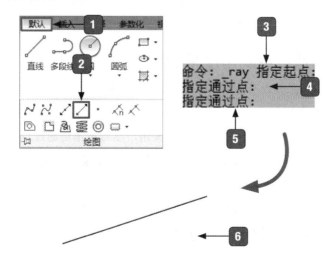

1 选择【默认】选项卡。

2 单击【绘图】面板中的【射线】按钮。

3 指定射线的起点。

4 指定或输入射线要通过的点。

5 按【Space】键或【Enter】键结束命令，也可以继续绘制射线。

6 绘制的射线效果。

2.3.2　构造线的绘制技巧

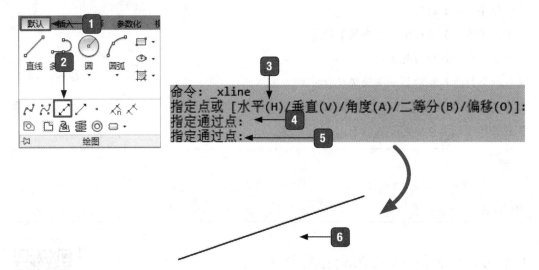

1 选择【默认】选项卡。

2 单击【绘图】面板中的【构造线】按钮。

3 单击任意一点作为起点或输入其他选项。

4 指定或输入构造线要通过的点，如果上一步中输入了其他选项，则根据提示进行操作。

5 按【Space】键或【Enter】键结束命令，或者继续指定通过点绘制构造线。

6 绘制的构造线效果。

2.3.3　通过构造线绘制角度平分线

小白：在第3步中如果输入其他选项，会有什么结果呢？

大神：第3步如果输入"H"或"V"，绘制的将是水平或垂直的构造线；如果输入"A"，第4步将要求输入构造线与水平线的夹角，然后再指定通过点；如果输入"B"，则可以绘制角度平分线；如果输入"O"，第4步则会要求输入偏移距离，然后指定偏移对象和偏移方向。

小白：水平构造线、垂直构造线和指定角度的构造线都很好理解，构造线绘制角度平分线怎么绘制？通过指定偏移距离怎么绘制构造线？

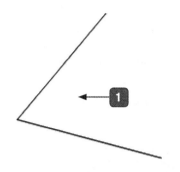

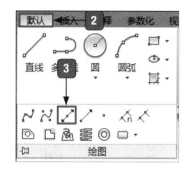

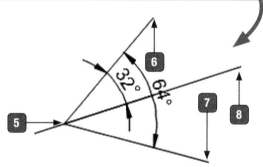

1 打开"素材\ch02\绘制角度平分线.dwg"文件。

2 选择【默认】选项卡。

3 单击【绘图】面板的下拉按钮，在出现的扩展面板中单击【构造线】按钮。

4 在命令行输入"b"并按【Space】键。

5 指定角的顶点。

6 指定端点。

7 指定端点。

8 通过构造线绘制的角平分线效果。

2.3.4 通过偏移距离绘制构造线

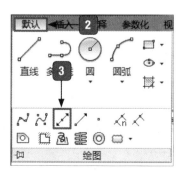

```
命令: _xline
指定点或 [水平(H)/垂直(V)/角度(A)/二等分(B)/偏移(O)]: o

指定偏移距离或 [通过(T)] <100.0000>: 200

选择直线对象:
指定向哪侧偏移:
选择直线对象:
```

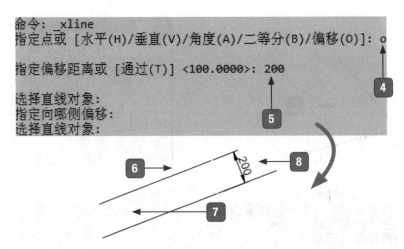

1 打开"素材\ch02\通过偏移距离绘制构造线.dwg"文件.

2 选择【默认】选项卡。

3 单击【绘图】面板的下拉按钮，在出现的扩展面板中单击【构造线】按钮。

4 在命令行输入"o"并按【Space】键。

5 输入偏移距离。

6 选择该直线。

7 在直线下方单击。

8 通过偏移距离绘制的构造线效果。

2.4 矩形绘制技巧

AutoCAD 2017 提供了矩形的多种绘制方法，下面介绍几种常用的绘制矩形的方法。

2.4.1 通过两个角点绘制矩形

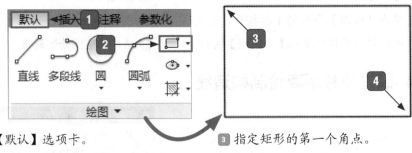

1 选择【默认】选项卡。

2 单击【绘图】面板中的【矩形】按钮。

3 指定矩形的第一个角点。

4 指定矩形的第二个角点。

> **提示:**
> 两个角点可以是不在一条直线上的任意两个点，也可以是通过绝对坐标或相对坐标指定的两个精确点。

2.4.2 通过面积绘制矩形

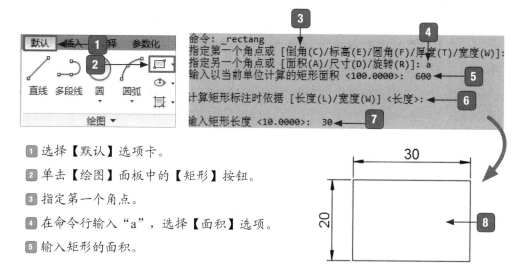

1️⃣ 选择【默认】选项卡。

2️⃣ 单击【绘图】面板中的【矩形】按钮。

3️⃣ 指定第一个角点。

4️⃣ 在命令行输入"a"，选择【面积】选项。

5️⃣ 输入矩形的面积。

6️⃣ 按【Space】键指定以长度为依据绘制矩形，或者输入"w"，指定以宽度为依据绘制矩形。

7️⃣ 输入矩形长度值。

8️⃣ 通过面积绘制的矩形效果。

2.4.3 通过尺寸绘制矩形

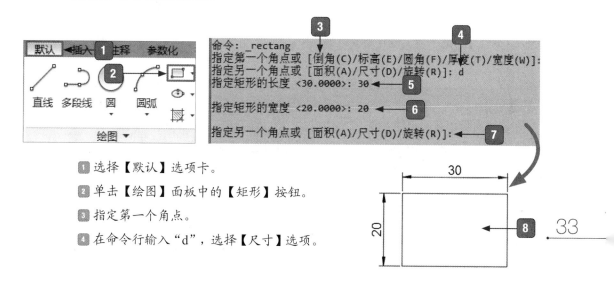

1️⃣ 选择【默认】选项卡。

2️⃣ 单击【绘图】面板中的【矩形】按钮。

3️⃣ 指定第一个角点。

4️⃣ 在命令行输入"d"，选择【尺寸】选项。

5️⃣ 输入矩形的长度值。　　　　　　　　7️⃣ 单击鼠标指定矩形的放置方向。

6️⃣ 输入矩形的宽度值。　　　　　　　　8️⃣ 通过尺寸绘制的矩形效果。

2.5　多边形绘制技巧

　　AutoCAD 中多边形的绘制包括内接于圆绘制多边形和外切于圆绘制多边形两种方法。

2.5.1　内接于圆绘制多边形

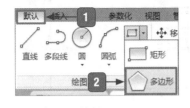

1️⃣ 选择【默认】选项卡。

2️⃣ 单击【绘图】面板中的【多边形】按钮。

3️⃣ 在命令行输入多边形的边数。

4️⃣ 指定多边形的中心并选择【内接于圆】选项。

5️⃣ 输入内接圆的半径。

6️⃣ 通过【内接于圆】绘制的多边形效果。

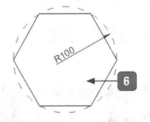

> **提示：**
> 　　这里介绍的多边形均为等边正多边形，上图的结果只有多边形，为了方便表达绘制的多边形内接于半径为 100 的圆，特意将内接圆用虚线表示出来。

2.5.2　外切于圆绘制多边形

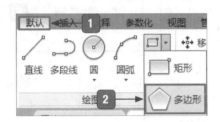

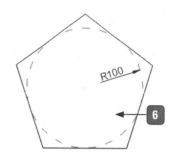

1 选择【默认】选项卡。

2 单击【绘图】面板中的【多边形】按钮。

3 在命令行输入多边形的边数。

4 指定多边形的中心并选择【外切于圆】选项。

5 输入外切圆的半径。

6 通过【外切于圆】绘制的多边形效果。

2.6 圆的绘制技巧

AutoCAD 提供了以下 6 种绘制圆的方法。

2.6.1 "圆心,半径"绘制圆

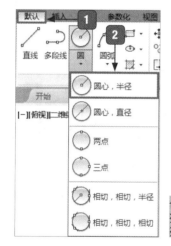

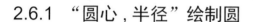

```
命令: circle
指定圆的圆心或 [三点(3P)/两点(2P)/切点、切点、半径(T)]:
指定圆的半径或 [直径(D)]: 100
```

1 选择【默认】选项卡。

2 在【圆】下拉列表中单击【圆心,半径】
按钮。

3 指定圆的圆心。

4 在命令行输入半径。

5 通过【圆心,半径】绘制的圆效果。

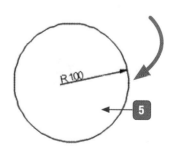

2.6.2 "圆心,直径"绘制圆

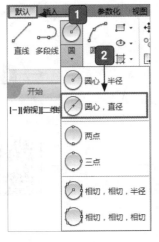

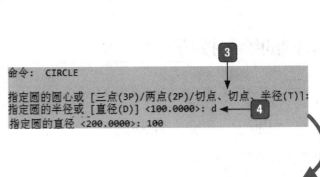

命令: CIRCLE

指定圆的圆心或 [三点(3P)/两点(2P)/切点、切点、半径(T)]:
指定圆的半径或 [直径(D)] <100.0000>: d
指定圆的直径 <200.0000>: 100

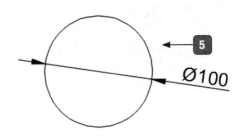

1 选择【默认】选项卡。

2 在【圆】下拉列表中单击【圆心,直径】
按钮。

3 指定圆的圆心。

4 选择【直径】选项并输入直径值。

5 通过【圆心,直径】绘制的圆效果。

2.6.3 "两点"绘制圆

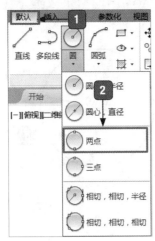

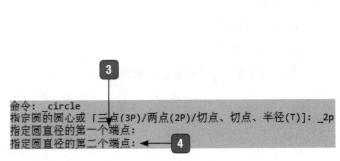

命令: _circle
指定圆的圆心或 [三点(3P)/两点(2P)/切点、切点、半径(T)]: _2p
指定圆直径的第一个端点:
指定圆直径的第二个端点:

1 选择【默认】选项卡。

2 在【圆】下拉列表中单击【两点】按钮。

3 指定第一个端点。

4 指定第二个端点。

5 通过【两点】绘制的圆效果。

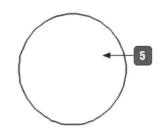

> **提示**：指定的两个端点之间的距离即为圆的直径。

2.6.4 "三点"绘制圆

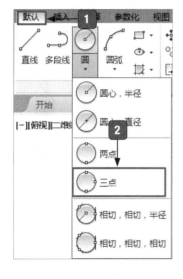

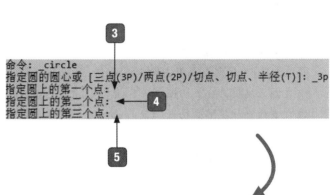

1 选择【默认】选项卡。

2 在【圆】下拉列表中单击【三点】按钮。

3 指定第一个端点。

4 指定第二个端点。

5 指定第三个端点。

6 通过【三点】绘制的圆效果。

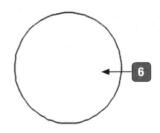

2.6.5 "相切,相切,半径"绘制圆

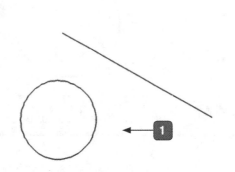

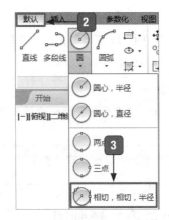

```
命令: _circle
指定圆的圆心或 [三点(3P)/两点(2P)/切点、切点、半径(T)]: _ttr
指定对象与圆的第一个切点: ◄ 4
指定对象与圆的第二个切点: ◄ 5
指定圆的半径 <555.1580>: 1000 ◄ 6
```

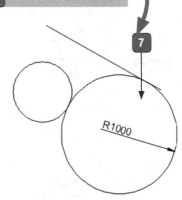

R1000

1️⃣ 打开"素材\ch02\相切,相切,半径绘制圆.dwg"
   文件。

2️⃣ 选择【默认】选项卡。

3️⃣ 在【圆】下拉列表中单击【相切,相切,半径】按钮。

4️⃣ 在圆上捕捉第一个切点。

5️⃣ 在直线上捕捉第二切点。

6️⃣ 在命令行输入圆的半径。

7️⃣ 通过【相切,相切,半径】绘制的圆效果。

提示:

因为要捕捉切点,所以在开始绘制圆之前先把"切点"对象捕捉打开。通过"相切,相切,
半径"绘制的圆与选择的切点位置及圆的半径有关。例如,如果指定上面绘制的圆的半径
为2000,则结果如下图所示。

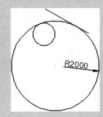

R2000

2.6.6 "相切,相切,相切"绘制圆

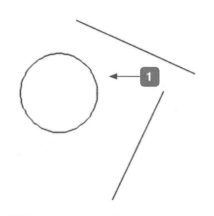

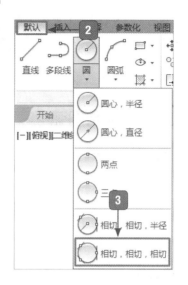

```
命令: _circle
指定圆的圆心或［三点(3P)/两点(2P)/切点、切点、半径(T)]: _3p
指定圆上的第一个点: _tan 到
指定圆上的第二个点: _tan 到          4
指定圆上的第三个点: _tan 到
```

1 打开"素材 \ch02\ 相切,相切,相切绘
   制圆 .dwg"文件。

2 选择【默认】选项卡。

3 在【圆】下拉列表中单击【相切,相切,
   相切】按钮。

4 分别捕捉圆和直线上的切点。

5 通过【相切,相切,相切】绘制的圆效果。

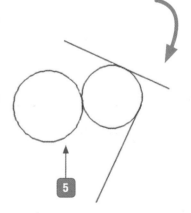

2.7 圆弧的绘制技巧

AutoCAD 提供了以下 10 种绘制圆弧的方法。

2.7.1 "三点"绘制圆弧

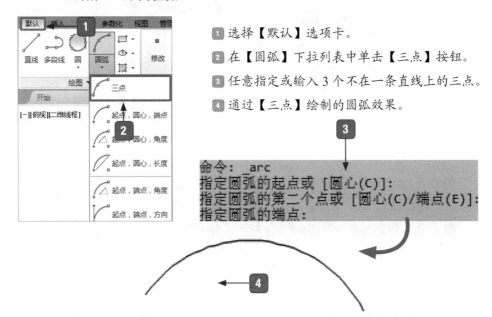

1 选择【默认】选项卡。

2 在【圆弧】下拉列表中单击【三点】按钮。

3 任意指定或输入 3 个不在一条直线上的三点。

4 通过【三点】绘制的圆弧效果。

命令：_arc
指定圆弧的起点或 [圆心(C)]：
指定圆弧的第二个点或 [圆心(C)/端点(E)]：
指定圆弧的端点：

2.7.2 "起点 , 圆心 , 端点"绘制圆弧

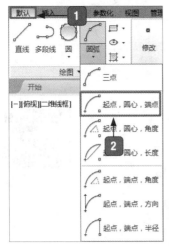

1 选择【默认】选项卡。

2 在【圆弧】下拉列表中单击【起点 , 圆心 ,
端点】按钮。

3 分别指定或输入起点、圆心和端点。

4 通过【起点 , 圆心 , 端点】绘制的圆弧效果。

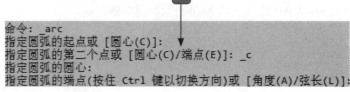

命令：_arc
指定圆弧的起点或 [圆心(C)]：
指定圆弧的第二个点或 [圆心(C)/端点(E)]：_c
指定圆弧的圆心：
指定圆弧的端点(按住 Ctrl 键以切换方向)或 [角度(A)/弦长(L)]：

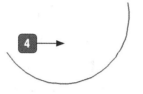

提示：

　　选择了某种绘制圆弧的方法后，AutoCAD 程序会自动替操作者省去某些选项操作，如"指定圆弧的第二个点或【圆心（C）/端点（E）】：_c"。当指定的端点不在圆弧上时，AutoCAD 会自动捕捉圆弧上离指定点最近的点作为端点。

2.7.3 "起点，圆心，角度"绘制圆弧

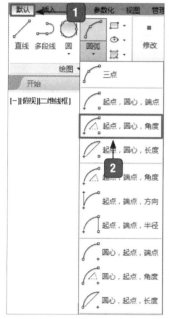

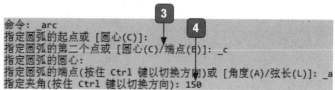

1 选择【默认】选项卡。

2 在【圆弧】下拉列表中单击【起点，圆心，角度】按钮。

3 分别指定或输入起点和圆心。

4 在命令行输入圆弧的角度。

5 通过【起点，圆心，角度】绘制的圆弧效果。

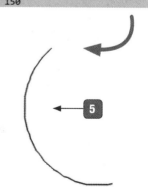

2.7.4 "起点，圆心，长度"绘制圆弧

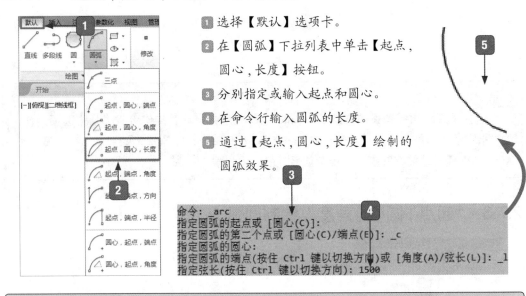

1. 选择【默认】选项卡。
2. 在【圆弧】下拉列表中单击【起点，圆心，长度】按钮。
3. 分别指定或输入起点和圆心。
4. 在命令行输入圆弧的长度。
5. 通过【起点，圆心，长度】绘制的圆弧效果。

```
命令: _arc
指定圆弧的起点或 [圆心(C)]:
指定圆弧的第二个点或 [圆心(C)/端点(E)]: _c
指定圆弧的圆心:
指定圆弧的端点(按住 Ctrl 键以切换方向)或 [角度(A)/弦长(L)]: _l
指定弦长(按住 Ctrl 键以切换方向): 1500
```

> **提示：**
> 输入的圆弧长度不能大于直径，如果大于直径，AutoCAD 会提示指定的长度无效。

2.7.5 "起点，端点，角度"绘制圆弧

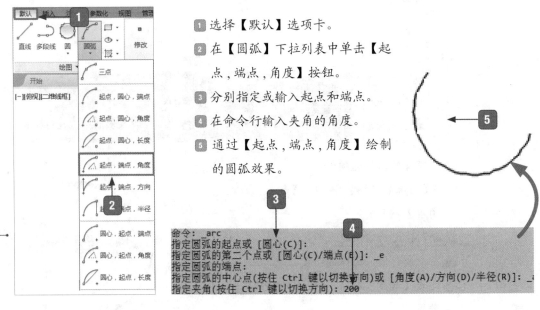

1. 选择【默认】选项卡。
2. 在【圆弧】下拉列表中单击【起点，端点，角度】按钮。
3. 分别指定或输入起点和端点。
4. 在命令行输入夹角的角度。
5. 通过【起点，端点，角度】绘制的圆弧效果。

```
命令: _arc
指定圆弧的起点或 [圆心(C)]:
指定圆弧的第二个点或 [圆心(C)/端点(E)]: _e
指定圆弧的端点:
指定圆弧的中心点(按住 Ctrl 键以切换方向)或 [角度(A)/方向(D)/半径(R)]: _a
指定夹角(按住 Ctrl 键以切换方向): 200
```

提示：AutoCAD 默认按指定的起点和端点逆时针绘制圆弧，如果输入的角度为负值，则按顺时针绘制圆弧，如右图所示，输入的角度为正值时生成下半段圆弧，输入角度为负值时生成上半段圆弧。

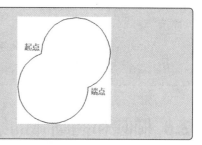

2.7.6 "起点，端点，方向"绘制圆弧

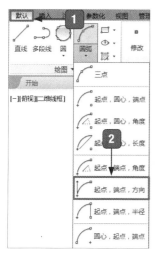

1. 选择【默认】选项卡。
2. 在【圆弧】下拉列表中单击【起点，端点，方向】按钮。
3. 分别指定或输入起点和端点。
4. 拖动鼠标指定圆弧的大小和方向。
5. 通过【起点，端点，方向】绘制的圆弧效果。

```
命令：_arc
指定圆弧的起点或 [圆心(C)]:
指定圆弧的第二个点或 [圆心(C)/端点(E)]: _e
指定圆弧的端点:
指定圆弧的中心点(按住 Ctrl 键以切换方向)或 [角度(A)/方向(D)/半径(R)]: _d
指定圆弧起点的相切方向(按住 Ctrl 键以切换方向):
```

2.7.7 "起点，端点，半径"绘制圆弧

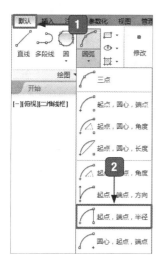

1. 选择【默认】选项卡。
2. 在【圆弧】下拉列表中单击【起点，端点，半径】按钮。
3. 分别指定或输入起点和端点。
4. 在命令行输入圆弧的半径值。
5. 通过【起点，端点，半径】绘制的圆弧效果。

43

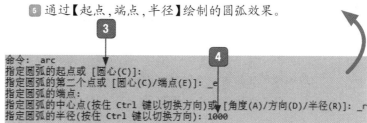

```
命令：_arc
指定圆弧的起点或 [圆心(C)]:
指定圆弧的第二个点或 [圆心(C)/端点(E)]: _e
指定圆弧的端点:
指定圆弧的中心点(按住 Ctrl 键以切换方向)或 [角度(A)/方向(D)/半径(R)]: _r
指定圆弧的半径(按住 Ctrl 键以切换方向): 1000
```

2.8 椭圆和椭圆弧的绘制技巧

　　AutoCAD 提供了通过"指定圆心"和"轴,端点"绘制椭圆，椭圆弧的绘制方法是在绘制的椭圆上截取一段弧。

2.8.1 "圆心"绘制椭圆

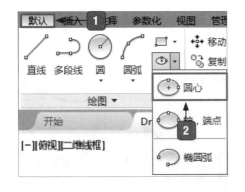

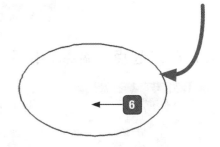

　1 选择【默认】选项卡。

　2 在【椭圆】下拉列表中单击【圆心】按钮。

　3 指定或输入椭圆的中心。

　4 指定或输入轴的端点坐标。

　5 指定或输入另一条半轴的长度。

　6 通过【指定圆心】绘制的椭圆效果。

2.8.2 "轴,端点"绘制椭圆

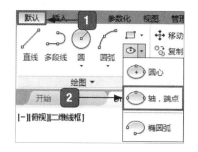

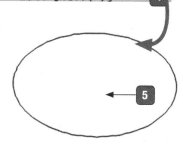

```
命令: _ellipse
指定椭圆的轴端点或 [圆弧(A)/中心点(C)]:
指定轴的另一个端点:
指定另一条半轴长度或 [旋转(R)]:
```

1 选择【默认】选项卡。

2 在【椭圆】下拉列表中单击【轴,端点】按钮。

3 指定或输入一条轴的两个端点。

4 指定或输入另一条半轴的长度。

5 通过【轴,端点】绘制的椭圆效果。

> **提示:**
> 指定一个端点后,可以通过相对坐标或绝对坐标来确定轴的另一个端点。

2.8.3 椭圆弧的绘制技巧

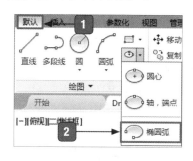

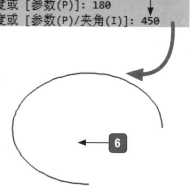

```
命令: ellipse
指定椭圆的轴端点或 [圆弧(A)/中心点(C)]: _a
指定椭圆弧的轴端点或 [中心点(C)]:
指定轴的另一个端点:
指定另一条半轴长度或 [旋转(R)]:
指定起点角度或 [参数(P)]: 180
指定端点角度或 [参数(P)/夹角(I)]: 450
```

1 选择【默认】选项卡。

2 在【椭圆】下拉列表中单击【椭圆弧】按钮。

3 指定或输入一条轴的两个端点。

4 指定或输入椭圆弧的起点角度。

5 指定或输入椭圆弧的端点角度。

6 绘制的椭圆弧效果。

> **提示：**
>
> 本例中输入的角度是绝对角度，也可以在命令行提示【指定端点角度】时输入"i"，然后输入与起点角度的夹角来确定圆弧。
>
> 指定起点角度或 [参数(P)]: 180
>
> 指定端点角度或 [参数(P)/夹角(I)]: i
>
> 指定圆弧的夹角 <180>: 270

2.9 综合实战——绘制洗手盆平面图

洗手盆又称洗脸盆、台盆，是我们日常生活中常见的盥洗器具。这一节我们就以"常见的洗手盆的平面图"为例，来介绍椭圆、椭圆弧、直线、射线、圆、点等命令的应用。

洗手盆平面图绘制完成后如右图所示。

2.9.1 设置对象捕捉

1️⃣ 单击【工具】菜单项。

2️⃣ 在弹出的下拉菜单中选择【绘图设置】选项。

3️⃣ 在【草图设置】对话框中选择【对象捕捉】选项卡。

4️⃣ 选中【启用对象捕捉】和【启用对象捕捉追踪】复选框。

5️⃣ 选中相应的对象捕捉模式复选框。

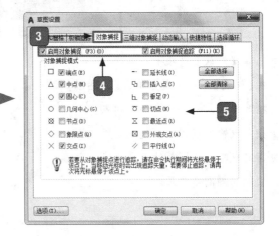

2.9.2 绘制洗手盆外轮廓

1. 绘制外轮廓椭圆

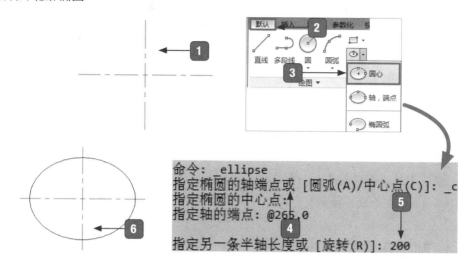

命令: ellipse
指定椭圆的轴端点或 [圆弧(A)/中心点(C)]: _c
指定椭圆的中心点:
指定轴的端点: @265,0
指定另一条半轴长度或 [旋转(R)]: 200

① 打开"素材 \ch02\ 洗手盆平面图 .dwg"
　文件。

② 选择【默认】选项卡。

③ 单击【椭圆】选项的下拉按钮，在弹
　出的下拉列表中单击【圆心】按钮。

④ 捕捉两条中心线的交点作为椭圆中心点。

⑤ 输入一条半轴的端点坐标和另一条半
　轴的长度。

⑥ 绘制外轮廓的椭圆效果。

2. 绘制外轮廓椭圆弧

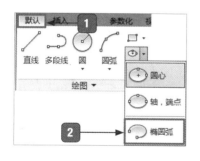

命令: ellipse
指定椭圆的轴端点或 [圆弧(A)/中心点(C)]: _a
指定椭圆弧的轴端点或 [中心点(C)]: c
指定椭圆弧的中心点:
指定轴的端点: @210,0

指定另一条半轴长度或 [旋转(R)]: 1

指定起点角度或 [参数(P)]: 160

指定端点角度或 [参数(P)/夹角(I)]: 20

① 选择【默认】选项卡。

② 单击【椭圆】选项的下拉按钮，在弹出的下拉列表
　中单击【椭圆弧】按钮。

③ 在命令行输入"c"，并捕捉中心线的交点为中心点。

④ 输入一条半轴的端点坐标和另一条半轴的长度。

⑤ 指定椭圆弧的起始角和终止角。

⑥ 绘制外轮廓椭圆弧效果。

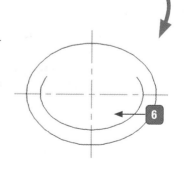

3. 直线将椭圆弧端点连接起来

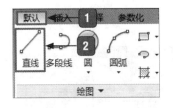

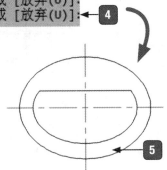

1 选择【默认】选项卡。

2 在【绘图】面板中单击【直线】按钮。

3 捕捉椭圆弧的两个端点。

4 按【Space】键或【Enter】键结束命令。

5 将椭圆弧两端连接起来的效果。

2.9.3 绘制旋钮和排水孔

1. 绘制辅助圆

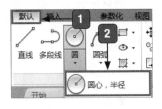

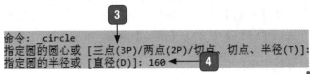

1 选择【默认】选项卡。

2 在【圆】下拉列表中单击【圆心,半径】按钮。

3 捕捉中心线的交点作为圆心。

4 在命令行输入圆的半径。

5 绘制的辅助圆效果。

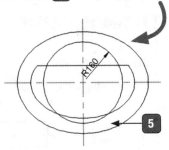

2. 绘制辅助射线

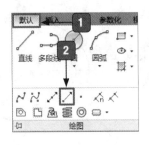

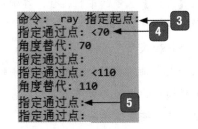

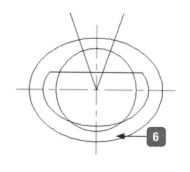

1 选择【默认】选项卡。

2 在【绘图】面板中单击【射线】按钮。

3 捕捉中心点作为起点。

4 输入射线与 X 轴的夹角，并在该角度方向上任意处单击确定射线。

5 重复绘制一条通过110°夹角的射线。

6 绘制的辅助射线效果。

3. 设置点样式

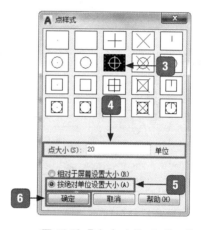

1 单击【格式】菜单项。

2 在弹出的下拉菜单中选择【点样式】选项。

3 在【点样式】对话框中选择需要的点样式。

4 设置【点大小】为【20】。

5 选中【按绝对单位设置大小】单选按钮。

6 单击【确定】按钮。

4. 通过点命令绘制旋钮

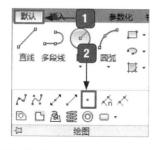

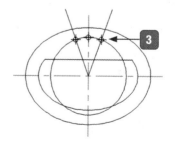

1 选择【默认】选项卡。

2 在【绘图】扩展面板中单击【多点】按钮。

3 依次捕捉射线、中心线与辅助圆的交点作为点的位置。

5. 绘制排水孔

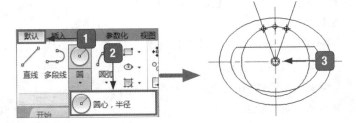

1 选择【默认】选项卡。

2 在【圆】下拉列表中单击【圆心,半径】
按钮。

3 捕捉中心线的交点为圆心,分别绘制
半径为 15 和 20 的圆。

6. 删除辅助圆和辅助线

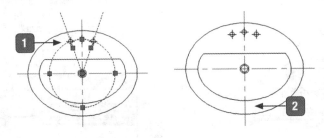

1 选中辅助圆和辅助射线。

2 按【Delete】键,删除辅助线后即可看到绘制的洗手盆效果。

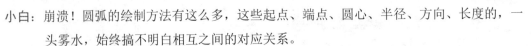

痛点:绘制圆弧的七要素

小白:崩溃!圆弧的绘制方法有这么多,这些起点、端点、圆心、半径、方向、长度的,一
头雾水,始终搞不明白相互之间的对应关系。

大神:圆弧的绘制的方法的确很多,但其实就是 7 个要素,只要记住这 7 个要素,再配合着
绘制圆弧选项的流程图就很容易找到相应的绘制方法了。

小白:真有这么神奇吗?

大神:当然,让你见证一下奇迹!这 7 个要素的关系和绘制圆弧选项的流程如下图所示。

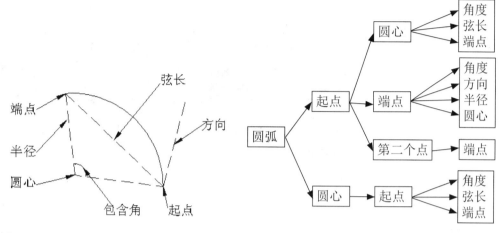

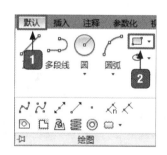 大神支招

问：如何绘制一个边长为 200×120**，且与** X **轴成** $20°$ **夹角的矩形？**

这种情况需要用到旋转的方式绘制矩形，在使用旋转的方式绘制矩形时，需要用面积和尺寸来限定所绘制的矩形。如果不用面积或尺寸进行限定，得到的结果就截然不同。

（1）用尺寸进行限制。

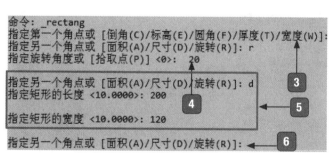

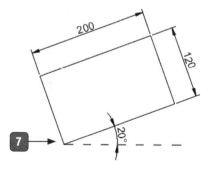

1 选择【默认】选项卡。

2 在【绘图】面板中单击【矩形】按钮。

3 单击任意一点作为矩形的第一个角点。

4 在命令行输入"r"，并设定旋转角度为"20°"。

5 在命令行输入"d"，并输入矩形的长和宽为"200"和"120"。

6 单击鼠标确定矩形的方向。

7 通过尺寸限制绘制的矩形效果。

（2）用面积进行限制。

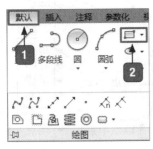

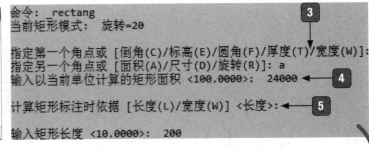

```
命令: _rectang
当前矩形模式:    旋转=20

指定第一个角点或 [倒角(C)/标高(E)/圆角(F)/厚度(T)/宽度(W)]:
指定另一个角点或 [面积(A)/尺寸(D)/旋转(R)]: a
输入以当前单位计算的矩形面积 <100.0000>:  24000

计算矩形标注时依据 [长度(L)/宽度(W)] <长度>:

输入矩形长度 <10.0000>:  200
```

1 选择【默认】选项卡。

2 在【绘图】面板中单击【矩形】按钮。

3 单击任意一点作为矩形的第一个角点。

4 在命令行输入"a"，并设定面积为"24000"。

5 确认计算矩形标注时依据"长度"，并设定长度为"200"。

6 通过面积限制绘制的矩形效果。

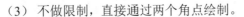

（3）不做限制，直接通过两个角点绘制。

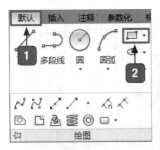

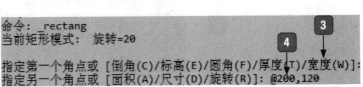

```
命令: _rectang
当前矩形模式:    旋转=20

指定第一个角点或 [倒角(C)/标高(E)/圆角(F)/厚度(T)/宽度(W)]:
指定另一个角点或 [面积(A)/尺寸(D)/旋转(R)]: @200,120
```

1 选择【默认】选项卡。

2 在【绘图】面板中单击【矩形】按钮。

3 单击任意一点作为矩形的第一个角点。

4 在命令行输入相对坐标。

5 不做限制绘制的矩形效果。

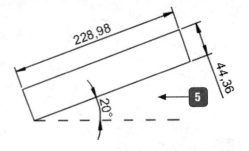

> **提示:**
>
> 　　其实用两个角点绘制矩形，限制的是矩形两个角点的坐标，并不是矩形的边长，只不过当旋转角度为 0° 时，两个坐标的 X、Y 的相对值正好等于两条边长。

问：如何绘制底边不与水平方向平齐的正多边形？

　　绘制底边不与水平方向平齐的正多边形分为两种情况，一种是知道边长和角度，通过输入相对极坐标来绘制；另一种是知道内接于圆或外切于圆的半径，通过修改系统变量【SNAPANG】的参数值来绘制。

（1）绘制边长为 200，底边与水平方向成 20° 的正五边形。

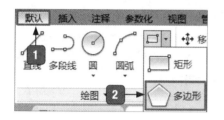
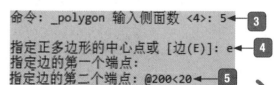

> 1 选择【默认】选项卡。
>
> 2 在【矩形】下拉列表中单击【多边形】按钮。
>
> 3 在命令行输入正多边形的边数。
>
> 4 在命令行输入"e"，确定通过边来绘制多边形。
>
> 5 指定边的第一个端点，然后通过相对极坐标确定第二个端点。
>
> 6 绘制的正五边形效果。

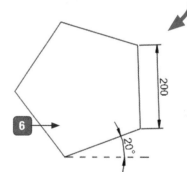

（2）绘制一个外切于圆半径为 200，底边与水平方向成 15° 的正六边形。

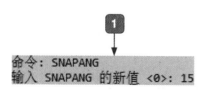
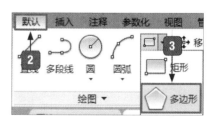

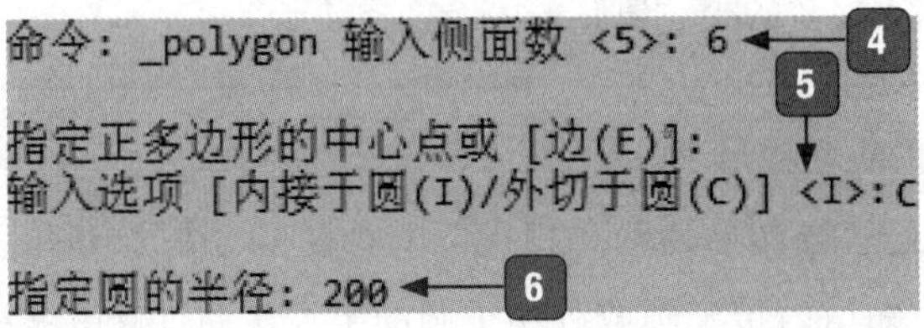

命令: _polygon 输入侧面数 <5>: 6 ← 4

5

指定正多边形的中心点或 [边(E)]:
输入选项 [内接于圆(I)/外切于圆(C)] <I>:C

指定圆的半径: 200 ← 6

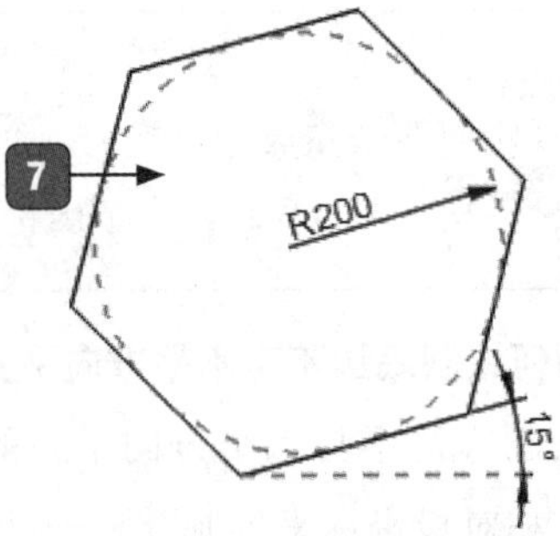

R200

15°

1 在命令行将"SNAPANG"的值改为
目标角度值。

2 选择【默认】选项卡。

3 在【矩形】下拉列表中单击【多边形】
按钮。

4 在命令行输入正多边形的边数。

5 指定中心点，然后输入"c"，确定
通过外切于圆来绘制多边形。

6 在命令行输入圆的半径。

7 绘制的正六边形效果。

提示:
　　多边形绘制完毕后，重新将变量
【SNAPANG】的值设置为0，以便于其
他绘制操作。

第3章

编辑二维图形
——
绘制定位压盖

>>> AutoCAD 中创建副本的命令有哪些？

>>> 哪些命令是用来调整对象的大小、位置的？

>>> 如何通过复制命令进行线性阵列？

>>> 为什么无法延伸到选定的边界？

这一章就来告诉你 AutoCAD 2017 中二维编辑
的技巧！

3.1 创建副本对象

AutoCAD 提供了多种创建副本对象的方法，包括复制对象、镜像对象、偏移对象和阵列对象等。

3.1.1 复制对象

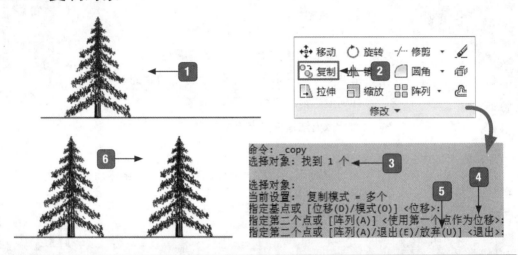

提示：
　　除了通过单击鼠标指定基点和第二个点，也可以任意单击一点作为基点，然后通过目标位置与原位置的相对坐标来复制对象。复制结果，与指定的基点无关，只与第二点与基点之间的距离有关。

1 打开"素材\ch03\复制对象.dwg"文件。

2 单击【默认】选项卡→【修改】面板→【复制】按钮。

3 选择树木为复制对象，并按【Space】键确认。

4 捕捉直线左端点为基点，然后捕捉直线右端点为第二点。

5 按【Space】键或【Enter】键结束命令。

6 复制对象效果。

3.1.2 镜像对象

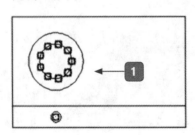

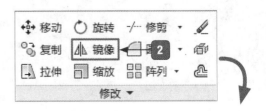

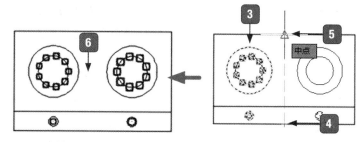

1 打开"素材\ch03\镜像对象.dwg"文件。

2 单击【默认】选项卡→【修改】面板→
　　【镜像】按钮。

3 选择燃气孔、罩座和旋钮开关为镜像
　　对象，并按【Space】键确认。

4 捕捉中点为镜像线上的第一点。

5 捕捉中点为镜像线上的第二点。

6 当命令行提示是否删除源对象时，选
　　择【否】选项。

3.1.3 偏移对象

1. 通过选项卡面板偏移对象

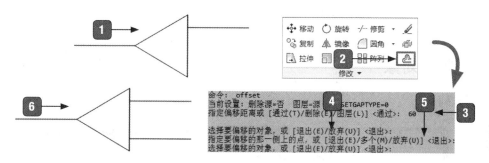

> **提示：**
>
> 　　除了通过指定偏移距离来进行偏移外，还可以通过指定通过点来确定偏移，具体操作步骤如下。

1 打开"素材\ch03\偏移对象.dwg"文件。

2 单击【默认】选项卡→【修改】面板→
　　【偏移】按钮。

3 在命令行输入偏移距离。

4 选择直线为偏移对象。

5 在直线下方单击。

6 退出命令后即可看到偏移效果。

57

2. 通过命令行偏移对象

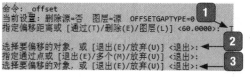
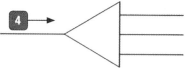

1️⃣ 选择确定偏移距离的方式。

2️⃣ 选择水平直线为偏移对象。

3️⃣ 捕捉竖直线的中点为通过点。

4️⃣ 退出命令后即可看到偏移效果。

小白： 大神，你偏移的都是直线，结果确实相当于复制对象，但是我偏移的圆或圆弧怎么结果不是复制对象呢？如下图所示。

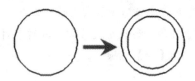

大神： 当偏移的对象为直线时，相当于复制。而当偏移的对象为圆或圆弧时，则会创建更大或更小的圆或圆弧，具体取决于向哪一侧偏移。如果偏移多段线，将生成平行于原始对象的多段线。

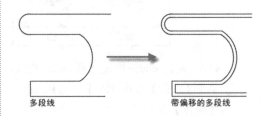

多段线　　　　　带偏移的多段线

大神： 另外，当偏移对象为样条曲线和多段线时，如果偏移距离大于可调整的距离时将自动进行修剪。

3.1.4 阵列对象

1. 矩形阵列

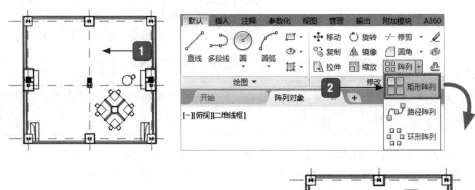

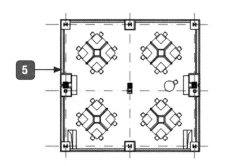

1 打开"素材 \ch03\ 阵列对象 .dwg"文件。
2 单击【默认】选项卡→【修改】面板→【矩形阵列】按钮。
3 选择阵列对象。
4 设置阵列列数和行数均为【2】，列距为【－9000】，行距为【9000】。
5 矩形阵列效果。

小白：大神，从命令面板选项来看，阵列应该有 3 种形式吧？

大神：是的，AutoCAD 2017 有矩形阵列、环形阵列和路径阵列 3 种，这 3 种阵列的操作步骤相似，上面是矩形阵列，下面我们来看一下环形阵列和路径阵列的操作步骤。

2. 环形阵列和路径阵列

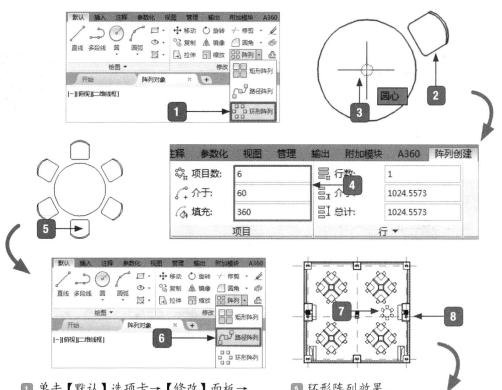

1 单击【默认】选项卡→【修改】面板→【环形阵列】按钮。
2 选择椅子为阵列对象。
3 捕捉圆的圆心为阵列的中心。
4 设置阵列项目数为【6】，填充角度为【360】，并设置旋转项目。
5 环形阵列效果。
6 单击【默认】选项卡→【修改】面板→【路径阵列】按钮。
7 选择椅子和桌子为阵列对象。
8 选择水平中心线为路径。

59

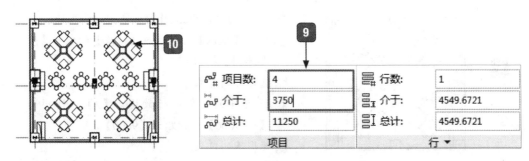

[9] 设置阵列项目数为【4】、间距为【3750】。

[10] 路径阵列效果。

提示:

　　【阵列】选项卡中有一个【关联】选项,如果选择该选项,阵列后的对象为一个整体,如果不选择该选项,阵列后的各对象之间并无关联。

3.2 调整对象的大小

　　AutoCAD 提供了多种调整对象大小的方法,包括缩放对象、拉伸对象、拉长对象、修剪和延伸对象。

3.2.1 缩放对象

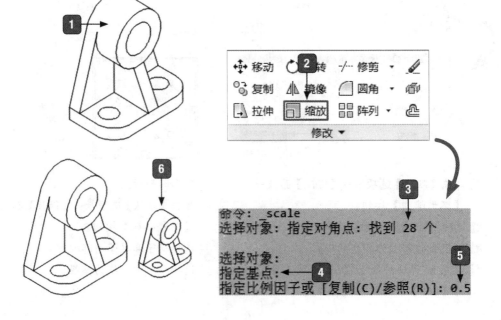

① 打开"素材\ch03\缩放对象.dwg"文件。

② 单击【默认】选项卡→【修改】面板→
【缩放】按钮。

③ 选择整个图形为缩放对象。

④ 捕捉缩放基点。

⑤ 在命令行输入缩放比例。

⑥ 缩放前后对比效果。

> **提示：**
> 　如果在提示指定比例因子时选择【复制（C）】选项，则在生成缩放对象的同时保持源对象。

3.2.2 拉伸对象

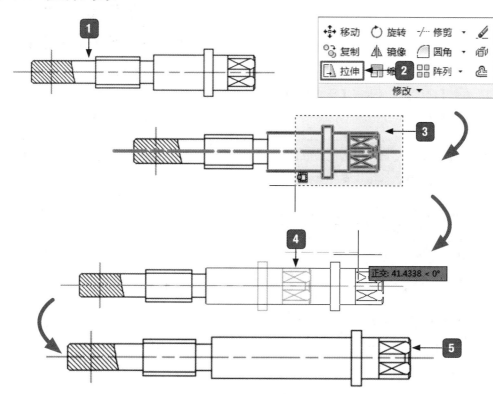

① 打开"素材\ch03\拉伸对象.dwg"文件。

② 单击【默认】选项卡→【修改】面板→
【拉伸】按钮。

③ 按住鼠标从右向左选择要拉伸的图形。

④ 单击任意一点作为拉伸的基点，然后
向相应的方向拉伸或输入相应的长度。

⑤ 输入拉伸长度后，即可看到拉伸后的
效果。

> **提示：**
> 　选择对象时必须从右向左选择，对象全部在选择框中时将被移动，对象部分被选中时将被拉伸。

3.2.3 拉长对象

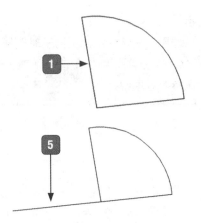

```
命令: _lengthen
选择要测量的对象或 [增量(DE)/百分比(P)
/总计(T)/动态(DY)] <总计(T)>: de
输入长度增量或 [角度(A)] <0.0000>: 300

选择要修改的对象或 [放弃(U)]:
选择要修改的对象或 [放弃(U)]:
```

1 打开"素材\ch03\拉长对象.dwg"文件。

2 单击【默认】选项卡→【修改】面板→
【拉长】按钮。

3 选择拉长的方式。

4 在命令行输入增量值。

5 选择拉长对象后的效果。

提示: 拉长方式有增量、百分比、总计和动态拉长 4 种,上面介绍了增量拉长方式,如果选择其他拉长方式,操作步骤如下。

```
命令: _lengthen
选择要测量的对象或 [增量(DE)/百分比(P)
/总计(T)/动态(DY)] <增量(DE)>: p
输入长度百分数 <100.0000>: 200
选择要修改的对象或 [放弃(U)]:
选择要修改的对象或 [放弃(U)]:
生成零长度几何图形。
选择要修改的对象或 [放弃(U)]:
```

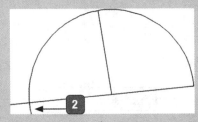

1 选择拉长的方式。

2 选择拉长对象后的效果。

```
命令: LENGTHEN
选择要测量的对象或 [增量(DE)/百分比(P)
/总计(T)/动态(DY)] <百分比(P)>: t
指定总长度或 [角度(A)] <1.0000>: 500
选择要修改的对象或 [放弃(U)]:
选择要修改的对象或 [放弃(U)]:
```

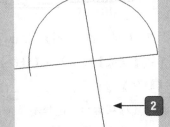

1 选择拉长的方式。

2 选择拉长对象后的效果。

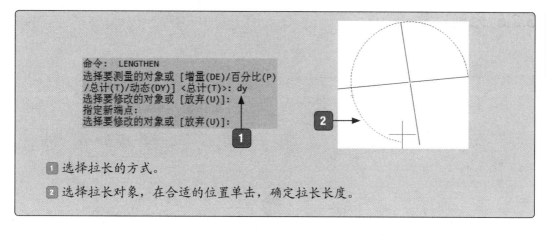

① 选择拉长的方式。

② 选择拉长对象，在合适的位置单击，确定拉长长度。

3.2.4 延伸对象

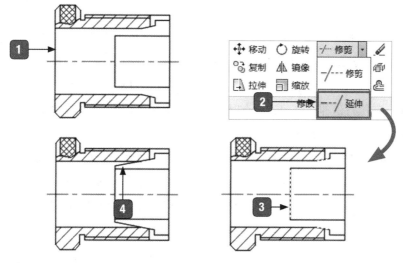

① 打开"素材\ch03\延伸对象.dwg"文件。

② 单击【默认】选项卡→【修改】面板→【延伸】按钮。

③ 选择延伸到的边界。

④ 选择延伸对象后的效果。

提示：

　　本例中的延伸边界既是边界又是延伸对象。如果得不到延伸结果，这是因为将"隐含边"的延伸设置为"不延伸"模式。关于"隐含边"的延伸模式设置参见本章的"痛点解析"。

3.2.5 修剪对象

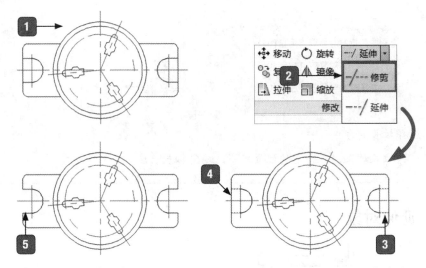

1 打开"素材\ch03\修剪对象.dwg"文件。

2 单击【默认】选项卡→【修改】面板→
【修剪】按钮。

3 选择两边圆弧端的4条直线为剪切边。

4 选择直线之间的线段为剪切对象。

5 修剪对象后的效果。

小白： 大神，在执行延伸（修剪）命令时，命令行提示"按住【Shfit】键选择修剪（延伸）的对象"，这是怎么回事？

大神： 在 AutoCAD 中，延伸命令和修剪命令是一对相反命令，在命令执行过程中按住【Shift】键是可以相互转换的。如左下图所示，执行修剪命令，选择直线1为剪切边，可以对直线2进行修剪；但是在提示选择修剪对象时，如果按住【Shift】键，则修剪命令将变为延伸命令，可以将直线3延伸到直线1，如右下图所示。

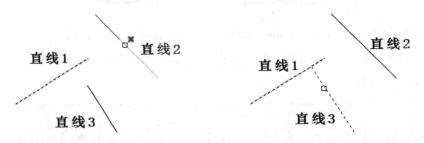

3.3 调整对象的位置

AutoCAD 提供了两种调整对象位置的方法：移动对象和旋转对象。

3.3.1 移动对象

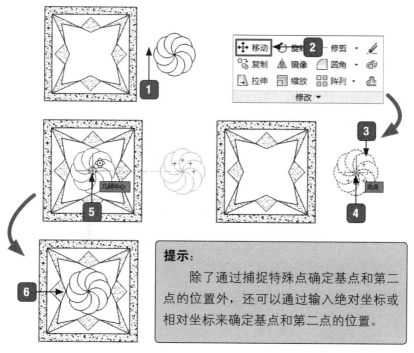

提示：

除了通过捕捉特殊点确定基点和第二点的位置外，还可以通过输入绝对坐标或相对坐标来确定基点和第二点的位置。

1️⃣ 打开"素材\ch03\移动对象.dwg"文件。

2️⃣ 单击【默认】选项卡→【修改】面板→【移动】按钮。

3️⃣ 选择移动对象。

4️⃣ 捕捉交点为移动基点。

5️⃣ 捕捉几何中心为移动的第二点。

6️⃣ 移动对象后的效果。

3.3.2 旋转对象

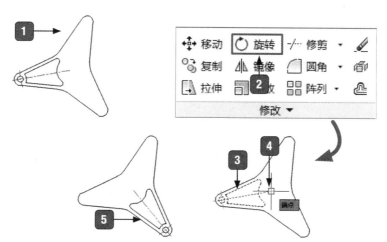

1 打开"素材\ch03\旋转对象.dwg"文件。 **3** 选择旋转对象。

2 单击【默认】选项卡→【修改】面板→ **4** 捕捉图中所示的端点为旋转的基点。

　　【旋转】按钮。 **5** 输入旋转角度后的效果。

小白：大神，上面介绍的是已知旋转角度的旋转，如果遇到不知道起始位置和结果位置之间
　　　的夹角时如何旋转呢？

大神：旋转命令的选项中有专门针对该情况的操作，即旋转对象和旋转基点确定后输入"r"，
　　　选择【参照】选项。

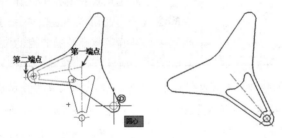

```
命令: rotate
UCS 当前的正角方向: ANGDIR=逆时针  ANGBASE=0

选择对象: p 找到 11 个

选择对象:
指定基点:
指定旋转角度，或 [复制(C)/参照(R)] <0>: r
```

大神：当命令行提示"指定参照角度"时，捕捉如左下图所示的两个端点。

大神：当命令行提示"指定新角度"时，捕捉如左下图所示的圆心，结果如右下图所示。

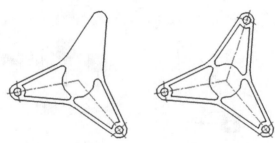

小白：大神，从图形上看，该图形应该是个对称的图形，可是旋转后新的位置有了旋转的对象，
　　　原来的位置又没有了，难道其他两处需要复制吗？

大神：不需要，旋转命令可以以复制的形式旋转对象，即旋转后除了生成新的旋转对象，源
　　　对象仍然保留。

大神：旋转对象和旋转基点确定后输入"c"，然后输入旋转角度，如输入"120°"，结果
　　　如左下图所示。

大神：重复旋转命令，将旋转后的对象再以复制的形式旋转120°，结果如右下图所示。

3.4 构造对象

AutoCAD 提供了多种构造对象的方法，包括圆角对象、倒角对象、合并对象和打断对象等。

3.4.1 圆角对象

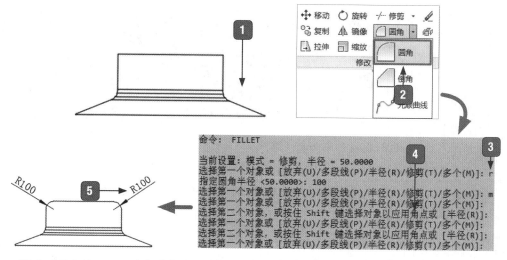

1. 打开"素材\ch03\圆角对象.dwg"文件。

2. 单击【默认】选项卡→【修改】面板→【圆角】按钮。

3. 在命令行输入"r"，然后输入圆角半径。

4. 选择需要圆角的边。

5. 圆角对象后的效果。

提示:

　　如果圆角的对象是"多段线"，则命令行提示"选择第一个对象"时，输入"p"，然后选择多段线对象，可以一次将整个多段线对象都进行圆角，如左下图所示。如果命令行提示"选择第一个对象"时，输入"t"，并设置了圆角后不修剪，则进行圆角后不对相交处进行修剪，如右下图所示。

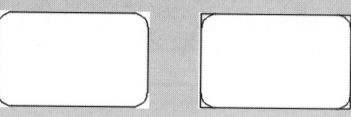

3.4.2 倒角对象

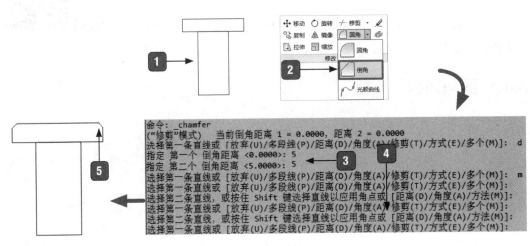

1 打开"素材\ch03\倒角对象.dwg"文件。

2 单击【默认】选项卡→【修改】面板→【倒角】按钮。

3 在命令行输入"d",然后输入倒角的两个距离,两个距离可以相同,也可以不同。

4 选择需要倒角的边。

5 倒角对象后的效果。

提示:
　　倒角命令和圆角命令的很多设置是相似的,如是否修剪、对多段线的倒角或圆角,以及是否一次处理多个倒角或圆角等。

小白: 大神,如果我不知道倒角的两个距离,只知道一个距离和夹角可以倒角吗?

大神: 可以,这正是 AutoCAD 中的另一种倒角方式,当命令行提示"选择第一条直线"时,输入"a",然后指定一条直线的倒角长度和倒角角度,如下图所示。

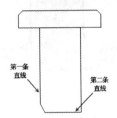

3.4.3 合并对象

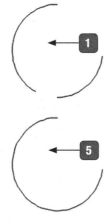

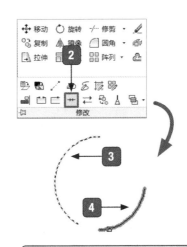

1 打开"素材\ch03\合并对象.dwg"文件。

2 单击【默认】选项卡→【修改】面板→【合并】按钮。

3 选择源对象。

4 选择要合并的对象。

5 合并对象后的效果。

提示：

　　合并时选择的源对象不同，合并的结果也不相同。例如，本例中如果选择小圆弧为源对象，大圆弧为合并对象，则合并后结果如下图所示。

3.4.4 打断对象

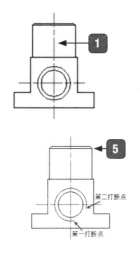

第二打断点

第一打断点

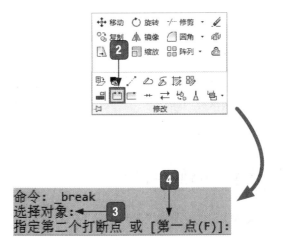

命令：_break
选择对象：
指定第二个打断点 或 [第一点(F)]：

1 打开"素材\ch03\打断对象.dwg"文件。

2 单击【默认】选项卡→【修改】面板→
【打断】按钮。

3 选择打断对象，选择对象的位置默认
为第一打断点。

4 选择第二打断点，如果对第一点选择
不满意，可以在命令行输入"f"，重
新选择第一点。

5 打断对象后的效果。

> **提示：**
> 打断对象为圆时，按选择点的顺序逆
> 时针打断对象。

小白： 大神，在修改面板除了【打断】命令外，还有一个【打断于点】命令，这两个命令有
什么区别呢？

大神： 【打断】是在对象上的两个指定点之间创建间隔，从而将对象打断为两个对象。【打
断于点】是将对象打断为两个对象，但两个对象之间不创建间隔，另外，【打断于点】
的对象不能是圆。

```
命令：break
选择对象：  2
指定第二个打断点 或 [第一点(F)]：_f
指定第一个打断点：  3
指定第二个打断点：@
```

1 单击【默认】选项卡→【修
改】面板→【打断于点】
按钮。

2 选择打断对象。

3 选择第一个打断点。

4 打断后分成两个对象，但中
间没有间隔。

5 打断对象后的效果。

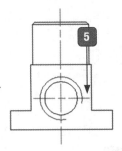

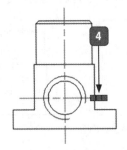

70

3.5 分解和删除对象

AutoCAD 提供了两种调整对象位置的方法：分解对象和删除对象。

3.5.1 分解对象

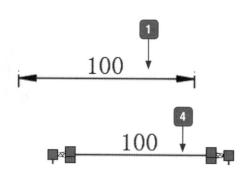

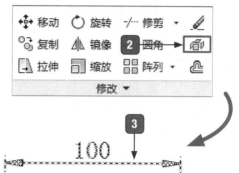

① 打开"素材\ch03\分解对象.dwg"文件。

② 单击【默认】选项卡→【修改】面板→
【分解】按钮。

③ 选择分解对象并按【Space】键确认。

④ 分解后选择对象,对象将被分解成几
个独立的图形。

提示:

分解前尺寸标注为一个整体对象,选择该对象,显示如下图所示。

3.5.2 删除对象

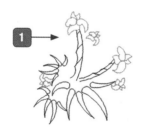

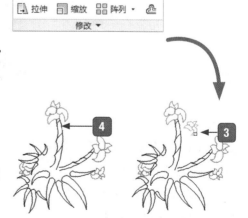

① 打开"素材\ch03\删除对象.dwg"
文件。

② 单击【默认】选项卡→【修改】
面板→【删除】按钮。

③ 选择删除对象。

④ 按【Space】键确认删除对象,删
除对象后的效果。

提示：
　　不用调用【删除】命令，直接选择对象，然后按【Delete】键也可以将所选对象删除。

3.6 综合实战——绘制定位压盖

　　定位压盖是对称结构，因此，在绘图时只需要绘制 1/4 结构，然后通过阵列（或镜像）即可得到整个图形，绘制定位压盖主要用到直线、圆、旋转、偏移、修剪、延伸、镜像、阵列和圆角等命令。

　　定位压盖绘制完成后如右图所示。

3.6.1 创建中心线和绘制辅助圆

1. 创建中心线

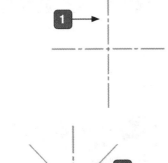

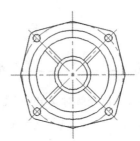

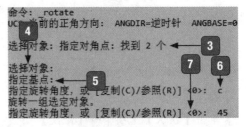

① 打开"素材\ch03\定位压盖 .dwg"文件。

② 单击【默认】选项卡→【修改】面板→
　【旋转】按钮。

③ 选择两条中心线为旋转对象。

④ 按【Space】键结束对象的选择。

⑤ 选择中心线的交点为旋转基点。

⑥ 在命令行输入"c"，旋转并复制对象。

⑦ 在命令行输入旋转角度。

⑧ 创建中心线后的效果。

2. 绘制辅助圆

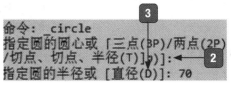

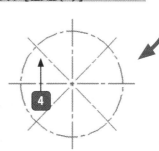

1 单击【默认】选项卡→【绘图】面板→【圆心，半径】按钮。

2 选择中心线的交点为圆心。

3 在命令行输入圆的半径。

4 绘制辅圆后的效果。

3.6.2 绘制定位压盖圆的投影和加强筋

1. 绘制圆投影轮廓线

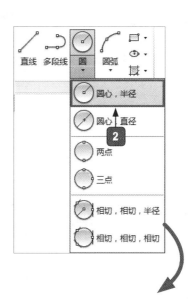

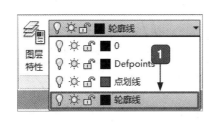

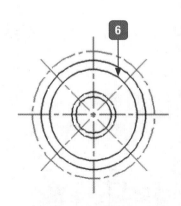

```
命令：_circle
指定圆的圆心或 [三点(3P)/两点(2P)/切点、切点、半径(T)]：
指定圆的半径或 [直径(D)] <70.0000>: 60

命令： CIRCLE

指定圆的圆心或 [三点(3P)/两点(2P)/切点、切点、半径(T)]：
指定圆的半径或 [直径(D)] <60.0000>: 50

命令： CIRCLE

指定圆的圆心或 [三点(3P)/两点(2P)/切点、切点、半径(T)]：
指定圆的半径或 [直径(D)] <50.0000>: 25

命令： CIRCLE

指定圆的圆心或 [三点(3P)/两点(2P)/切点、切点、半径(T)]：
指定圆的半径或 [直径(D)] <25.0000>: 20
```

1️⃣ 单击【默认】选项卡→【图层】面板→
【图层】下拉按钮，在弹出的菜单中
选择【轮廓线】选项。

2️⃣ 单击【默认】选项卡→【绘图】面板→
【圆心，半径】按钮。

3️⃣ 选择中心线的交点为圆心。

4️⃣ 在命令行输入圆的半径。

5️⃣ 按【Space】键重复调用【圆心，半径】
命令继续绘制圆。

6️⃣ 绘制完成后的效果。

2. 利用偏移和修剪命令绘制加强筋

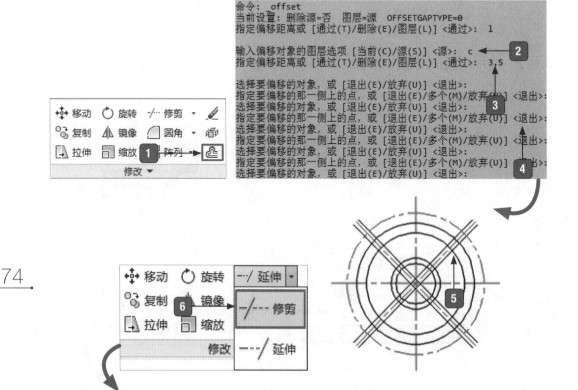

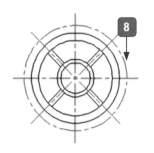

1 单击【默认】选项卡→【修改】面板→【偏移】按钮。

2 在命令行输入"c"，并选择偏移对象的图层为【当前】图层。

3 设置偏移距离。

4 单击鼠标确定偏移方向。

5 偏移后的效果。

6 单击【默认】选项卡→【修改】面板→【修剪】按钮。

7 选择两圆为剪切边。

8 修剪后的效果。

3.6.3 绘制连接孔和外边缘

1. 绘制连接孔

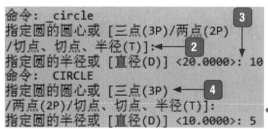

1 单击【默认】选项卡→【绘图】面板→【圆心,半径】按钮。

2 选择中心线的交点为圆心。

3 在命令行输入圆的半径。

4 按【Space】键重复调用【圆心,半径】命令继续绘制圆。

5 绘制连接孔后的效果。

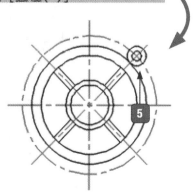

2. 绘制外边缘

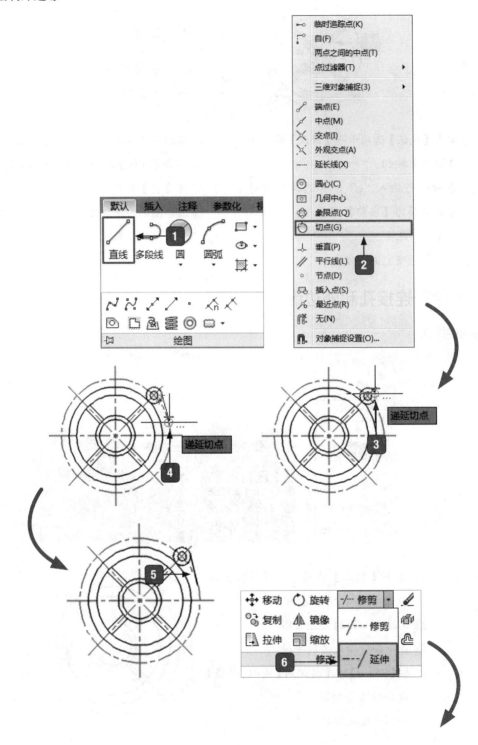

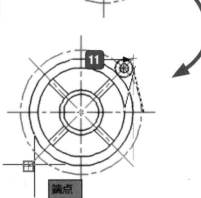

1 单击【默认】选项卡→【绘图】面板→【直线】按钮。

2 当命令行提示"指定第一点"时，按住【Shift】键并右击，在弹出的快捷菜单上选择【切点】选项。

3 在小圆上捕捉切点。

4 重复步骤2和步骤3，在大圆上捕捉切点作为第二点。

5 选择切点后的效果。

6 单击【默认】选项卡→【修改】面板→【延伸】按钮。

7 选择延伸的边界边。

8 选择延伸对象后的效果。

9 单击【默认】选项卡→【修改】面板→【镜像】按钮。

10 选择镜像对象。

11 选择镜像线上的两点。

12 最终效果。

3. 修剪外边缘

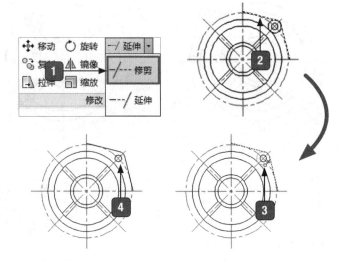

1️⃣ 单击【默认】选项卡→【修改】面板→
【修剪】按钮。

2️⃣ 选择剪切边。

3️⃣ 选择删除对象。

4️⃣ 修剪外边缘后的效果。

4. 完善连接孔和外边缘

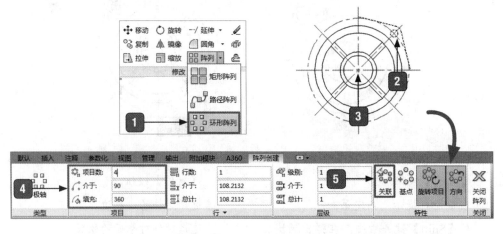

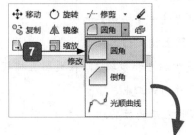

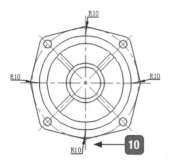

```
命令：fillet
当前设置：模式 = 修剪，半径 = 0.0000
选择第一个对象或 [放弃(U)/多段线(P)/半径(R)/修剪(T)/ 8 (M)]：r
指定圆角半径 <0.0000>：10
选择第一个对象或 [放弃(U)/多段线(P)/半径(R)/修剪(T)/多个(M)]：m
选择第一个对象或 [放弃(U)/多段线(P)/半径(R)/修剪(T)/多个(M)]：
选择第二个对象，或按住 Shift 键选择对象以应用角点或 [半径(R)]：
选择第一个对象或 [放弃(U)/多段线(P)/半径(R)/修剪(T)/多个(M)]：
选择第二个对象，或按住 Shift 键选择对象以应用角点或 [半径(R)]：
选择第一个对象或 [放弃(U)/多段线(P)/半径(R)/修剪(T)/多个(M)]：
选择第二个对象，或按住 Shift 键选择对象以应用角点或 [半径(R)]：
选择第一个对象或 [放弃(U)/多段线(P)/半径(R)/修剪(T)/多个(M)]：
选择第二个对象，或按住 Shift 键选择对象以应用角点或 [半径(R)]：
选择第一个对象或 [放弃(U)/多段线(P)/半径(R)/修剪(T)/多个(M)]：
```

1 单击【默认】选项卡→【修改】面板→ 【环形阵列】按钮。

2 选择阵列对象。

3 捕捉圆心为阵列的中心。

4 设置阵列个数和角度。

5 单击【关联】按钮取消关联。

6 完善连接孔效果。

7 单击【默认】选项卡→【修改】面板→ 【圆角】按钮。

8 在命令行输入"r"，然后输入圆角半径。

9 选择需要圆角的边。

10 最终效果。

痛点解析

痛点 1：为什么无法延伸到选定的边界

小白：要疯了！延伸对象为什么无法延伸到选定的边界？为什么？

大神：延伸对象无法延伸到选定的边界，一般情况下都是因为没有开启【隐含边延伸模式】。

小白：【隐含边延伸模式】？怎么开启？

大神：我们用一个例子来对比一下开启【隐含边延伸模式】和关闭【隐含边延伸模式】情况下的延伸。

（1）关闭【隐含边延伸模式】。

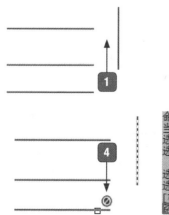

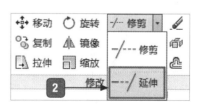

```
命令：extend
当前设置:投影=UCS，边=无
选择边界的边...
选择对象或 <全部选择>：找到 1 个

选择对象：
选择要延伸的对象，或按住 Shift 键选择要修剪的对象，或
[栏选(F)/窗交(C)/投影(P)/边(E)/放弃(U)]：
路径不与边界边相交。
```

1 打开"素材 \ch03\ 隐含边延伸 .dwg"文件。

2 单击【默认】选项卡→【修改】面板→【延伸】按钮。

3 选择竖直线为延伸到的边界。

4 无法延伸到边界。

（2）开启【隐含边延伸模式】。

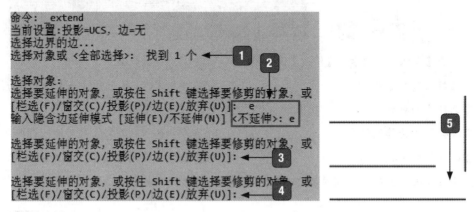

1 选择竖直线为延伸到的边界。　　　4 按【Space】键结束命令。

2 开启【隐含边延伸模式】。　　　　5 可以延伸到边界。

3 选择延伸对象。

痛点 2：如何在修剪的同时删除多余对象

小白：太麻烦了！每次遇到复杂的修剪，修剪完后都要留下很多多余的对象，能不能在修剪的时候就将这些多余的对象删除？

大神：其实，AutoCAD 2017 是具备这样的功能的，在修剪的同时将多余的对象删除。

小白：真的吗？那太好了，怎么操作？

大神：我们用一个例子来介绍【修剪】命令在修剪的同时删除多余对象吧！

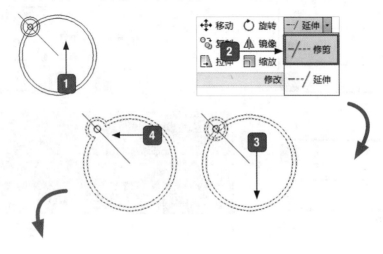

选择要修剪的对象，或按住 Shift 键选择要延伸的对象，或
[栏选(F)/窗交(C)/投影(P)/边(E)/删除(R)/放弃(U)]: r
选择要删除的对象或 <退出>: 找到 1 个

选择要删除的对象:
选择要修剪的对象，或按住 Shift 键选择要延伸的对象，或
[栏选(F)/窗交(C)/投影(P)/边(E)/删除(R)/放弃(U)]:

1 打开"素材\ch03\修剪的同时删除多余对象.dwg"文件。

2 单击【默认】选项卡→【修改】面板→【修剪】按钮。

3 选择 4 个圆为剪切边界。

4 对图形进行修剪，修剪后不要退出【修剪】命令。

5 在命令行输入"r"，选择【删除】选项。

6 选择直线，按【Space】键将其删除，最后退出【修剪】命令。

7 最终效果。

大神支招

问: 如何用复制命令阵列对象？

从 AutoCAD 2012 开始，【复制】命令在命令行指定第二点时输入"a"即可将【复制】命令变成【线性阵列】命令，线性阵列很好地弥补了【ARRAY】的不足。

指定第二个点或 [阵列(A)] <使用第一个点作为位移>: a
输入要进行阵列的项目数: 4
指定第二个点或 [布满(F)]:

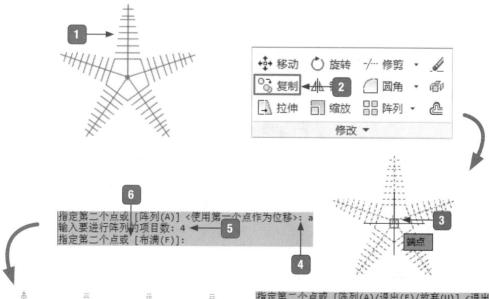

正交: 75.6500 < 0°

指定第二个点或 [阵列(A)/退出(E)/放弃(U)] <退出>: a
输入要进行阵列的项目数或 [4]:

指定第二个点或 [布满(F)]: @70<45

指定第二个点或 [阵列(A)/退出(E)/放弃(U)] <退出>:

81

1 打开"素材 \ch03\ 巧用复制命令阵列对象 .dwg"文件。

2 单击【默认】选项卡→【修改】面板→【复制】按钮。

3 选择复制对象并捕捉端点为复制基点。

4 在命令行输入"a",选择【阵列】选项。

5 输入阵列数目。

6 拖动鼠标指定阵列距离。

7 阵列后的效果。

8 在命令行输入"a",选择【阵列】选项。

9 按【Space】键接受默认值。

10 输入阵列间距和角度。

11 按【Space】键结束命令。

12 最终效果。

问：如何用圆角命令使两条不平行的直线相交？

当圆角半径为 0 时，可以使两条不平行的直线相交。

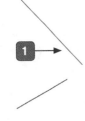

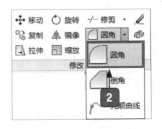

```
命令： fillet
当前设置：模式 = 修剪，半径 = 0.0000
选择第一个对象或 [放弃(U)/多段线(P)
/半径(R)/修剪(T)/多个(M)]:
选择第二个对象，或按住 Shift 键选择
对象以应用角点或 [半径(R)]:
```

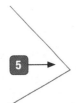

1 打开"素材 \ch03\ 使用圆角命令使两条不平行直线相交 .dwg"文件。

2 单击【默认】选项卡→【修改】面板→【圆角】按钮。

3 设置圆角半径为"0"。

4 选择两条直线。

5 最终效果。

提示：
除了【圆角】命令外，在使用【倒角】命令时，将倒角的距离设置为"0"，也可以将不相交的两条直线相交。

04

CHAPTER

第4章

>>> 创建和编辑多段线的方法。
>>> 创建和编辑样条曲线的方法。
>>> 如何设置多线样式？
>>> 各种编辑多线工具如何使用？

这一章就来告诉你 AutoCAD 2017 中绘制和编辑复杂对象的技巧！

绘制和编辑复杂对象——绘制墙体平面图

4.1 创建和编辑多段线

多段线提供单条直线或单条圆弧所不具备的功能，使用多段线命令，能更便捷的绘制便于特殊编辑的图形。

4.1.1 创建多段线

1. 绘制全部由直线组成的多段线

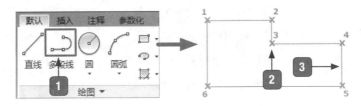

1 单击【默认】选项卡→【绘图】面板→【多段线】按钮。

2 依次单击鼠标指定1~6点。

3 按【Space】键结束命令，即可看到多段线绘制的效果。

2. 绘制直线和圆弧组成的多段线

（1）角度绘制圆弧。

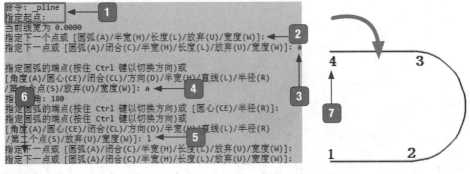

1 调用【多段线】命令并指定第1点。

2 指定第2点。

3 在命令行输入"a"，开始绘制圆弧。

4 在命令行再次输入"a"，选择通过角度的方式绘制圆弧，并输入角度为

"180°"。

5 在命令行输入"l"，绘制直线。

6 指定第3点。

7 指定第4点并按【Space】键结束命令。

> **提示：**
> 绘制多段线中绘制圆弧的方法有很多，除了先指定角度再指定端点外，还可以通过指定【圆心，方向，半径】等来绘制圆弧。

（2）圆心绘制圆弧。

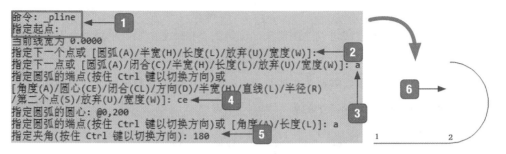

1 调用【多段线】命令并指定第 1 点。

2 指定第 2 点。

3 在命令行输入"a"，开始绘制圆弧。

4 在命令行输入"ce"，选择通过圆心的

方式绘制圆弧，并指定圆心的位置。

5 在命令行再次输入"a"，然后指定
夹角，最后按【Space】键结束命令。

6 即可看到绘制的圆弧效果。

（3）半径绘制圆弧。

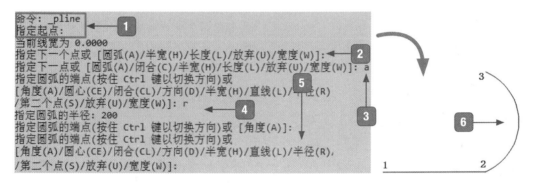

1 调用【多段线】命令并指定第 1 点。

2 指定第 2 点。

3 在命令行输入"a"，开始绘制圆弧。

4 在命令行输入"r"，选择通过半径的

方式绘制圆弧，并指定圆弧的半径。

5 指定圆弧的端点，即第 3 点，然后按
【Space】键结束命令。

6 即可看到绘制的圆弧效果。

3. 绘制不同线宽的多段线

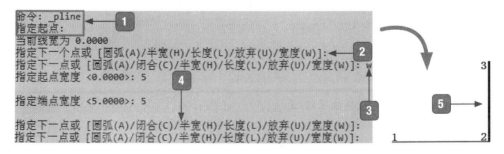

1 调用【多段线】命令并指定第 1 点。

2 指定第 2 点。

③ 在命令行输入"w"，并指定下一段　　　④ 指定第 3 点并按【Space】键结束命令。

　　多段线的宽度。　　　　　　　　　　　⑤ 即可看到绘制的不同线宽的多段线。

小白： 以前听人说利用多段线可以绘制箭头，可是我"想破了头"，也想不到用多段线怎么绘制箭头。

大神： 利用【多段线】命令绘制箭头主要是通过变换多段线的宽度来实现的。例如，按照下面的操作步骤即可绘制一个箭头。

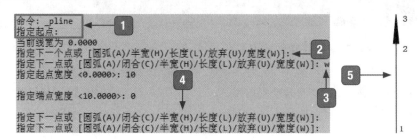

① 调用【多段线】命令并指定第 1 点。　　　线的宽度。

② 指定第 2 点。　　　　　　　　　　　④ 指定第 3 点并按【Space】键结束命令。

③ 在命令行输入"w"，并指定下一段多段　⑤ 即可看到绘制的箭头效果。

4.1.2 编辑多段线

1. 将非多段线转变为多段线

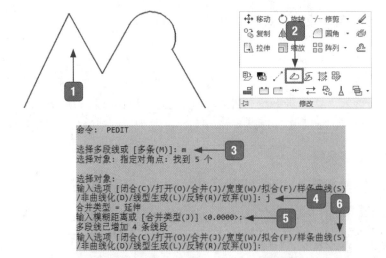

① 打开"素材 \ch04\ 编辑多段线 .dwg"　　③ 在命令行输入"m"，选择所有图形。

　　文件。　　　　　　　　　　　　　　④ 在命令行输入"j"，合并对象。

② 单击【默认】选项卡→【修改】面板→　　⑤ 按【Space】键接受默认模糊距离。

　　【编辑多段线】按钮。　　　　　　　　⑥ 按【Space】键结束命令。

提示：

　　原图形转变为多段线后，形状没有发生什么变化，但对象性质发生了变化，原图形是 5 个对象，转变后为一个对象，选择原图形和转变后的图形，对比如下图所示。直接双击多段线，也可以进入多段线编辑状态。

2. 闭合多段线

```
命令：_pedit
选择多段线或 [多条(M)]:
输入选项 [闭合(C)/合并(J)/宽度(W)/编辑顶点(E)/拟合(F)
/样条曲线(S)/非曲线化(D)/线型生成(L)/反转(R)/放弃(U)]: c
输入选项 [闭合(O)/合并(J)/宽度(W)/编辑顶点(E)/拟合(F)
/样条曲线(S)/非曲线化(D)/线型生成(L)/反转(R)/放弃(U)]:
```

1 双击多段线进入多段线编辑状态。　　3 按【Space】键结束命令。

2 在命令行输入"c"，闭合多段线。　　4 即可闭合多段线。

3. 改变整条多段线的线宽

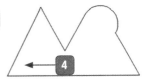

```
命令：_pedit
输入选项 [打开(O)/合并(J)/宽度(W)/编辑顶点(E)/拟合(F)
/样条曲线(S)/非曲线化(D)/线型生成(L)/反转(R)/放弃(U)]: w
指定所有线段的新宽度: 10

输入选项 [打开(O)/合并(J)/宽度(W)/编辑顶点(E)/拟合(F)
/样条曲线(S)/非曲线化(D)/线型生成(L)/反转(R)/放弃(U)]:
```

1 双击多段线进入多段线编辑状态。　　3 按【Space】键结束命令。

2 在命令行输入"w"，并输入新线宽。　　4 即可改变整条多段线的线宽。

4. 改变部分多段线的线宽

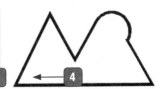

```
命令：_pedit
选择多段线或 [多条(M)]:
输入选项 [打开(O)/合并(J)/宽度(W)/编辑顶点(E)/拟合(F)
/样条曲线(S)/非曲线化(D)/线型生成(L)/反转(R)/放弃(U)]: e
输入顶点编辑选
[下一个(N)/上一个(P)/打断(B)/插入(I)/移动(M)/重生成(R)
/拉直(S)/切向(T)/宽度(W)/退出(X)] <N>: w
指定下一条线段的起点宽度 <10.0000>: 2
指定下一条线段的端点宽度 <2.0000>: 10
输入顶点编辑选项
[下一个(N)/上一个(P)/打断(B)/插入(I)/移动(M)/重生成(R)
/拉直(S)/切向(T)/宽度(W)/退出(X)] <N>:
```

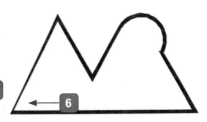

1 双击多段线进入多段线编辑状态。　　4 在命令行输入起点和端点的宽度。

2 在命令行输入"e"，选择【编辑顶点】选项。　　5 按【Esc】键退出命令。

3 在命令行输入"w"。　　6 即可改变部分多段线的线宽。

提示：

　　选择【编辑顶点】选项后，AutoCAD 会自动选择一个顶点，如果该顶点不是自己想要的顶点，在命令行输入"n"可以选择下一个顶点，在命令行输入"p"可以选择上一个顶点。

5. 移动顶点或插入新顶点

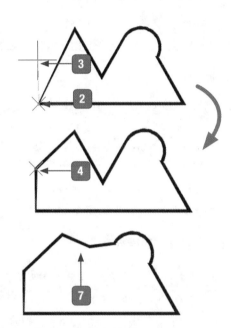

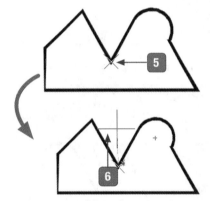

1️⃣ 单击【默认】选项卡→【修改】面板→【编辑多段线】按钮。

2️⃣ 选择多段线，此端点为默认顶点。

3️⃣ 在命令行输入"e"，然后输入"i"，并指定插入点的位置。

4️⃣ 插入新顶点效果。

5️⃣ 连续输入"n"指定新顶点。

6️⃣ 输入"m"并指定新的移动位置。

7️⃣ 按【Esc】键退出命令后即可看到顶点移动的效果。

6. 拟合多段线

```
命令: _pedit
输入选项 [打开(O)/合并(J)/宽度(W)/编辑顶点(E)/拟合(F)/样条曲线(S)
/非曲线化(D)/线型生成(L)/反转(R)/放弃(U)]: f
输入选项 [打开(O)/合并(J)/宽度(W)/编辑顶点(E)/拟合(F)/样条曲线(S)
/非曲线化(D)/线型生成(L)/反转(R)/放弃(U)]: *取消*
```

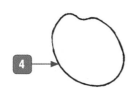

1 双击多段线进入多段线编辑状态。

2 在命令行输入"f",选择【拟合】选项。

3 按【Esc】键退出编辑命令。

4 即可拟合多段线。

7. 非曲线化多段线

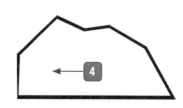

1 双击多段线进入多段线编辑状态。

2 在命令行输入"d",选择【非曲线化】选项。

3 按【Esc】退出编辑命令。

4 即可非曲线化多段线。

4.2 创建和编辑样条曲线

样条曲线是经过或接近一系列给定点的光滑曲线,可以控制曲线与点的拟合程度。该命令对于绘制不规则的边界线特别有用。

4.2.1 创建样条曲线

1. 通过拟合点创建样条曲线

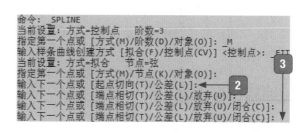

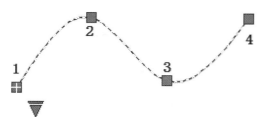

1 单击【默认】选项卡→【绘图】面板→【样条曲线拟合】按钮。

2 依次单击鼠标指定 1~4 点。

3 按【Space】键结束样条曲线绘制。

2. 通过控制点创建样条曲线

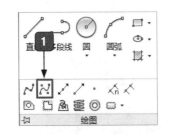

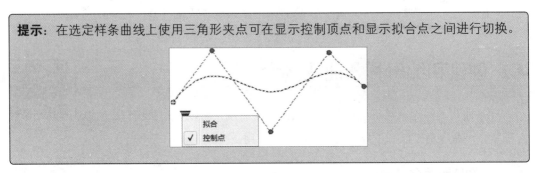

1 单击【默认】选项卡→【绘图】面
板→【样条曲线控制点】按钮。

2 依次单击鼠标指定 1~5 点。

3 按【Space】键结束样条曲线绘制。

提示：在选定样条曲线上使用三角形夹点可在显示控制顶点和显示拟合点之间进行切换。

小白：通过拟合点和控制点都可以创建样条曲线，那么这两种方法创建的样条曲线有什么区别呢？

大神：使用拟合点创建样条曲线时，生成的曲线通过指定的点，并受曲线中数学节点间距的影响。使用控制点创建的样条曲线，生的曲线不通过指定点，而是沿着控制多边形显示控制顶点。

4.2.2 编辑样条曲线

1. 将非多段线转变为多段线

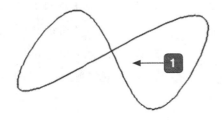

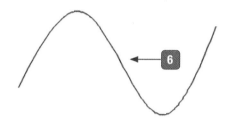

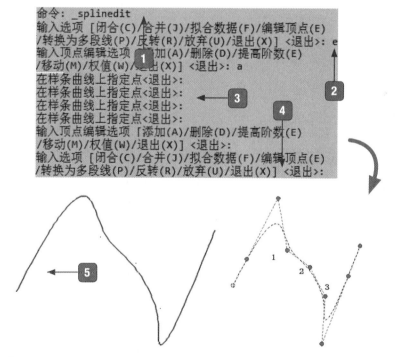

1. 打开"素材\ch04\编辑样条曲线线.dwg"文件。

2. 单击【默认】选项卡→【修改】面板→【编辑样条曲线】按钮。

3. 选择样条曲线。

4. 在命令行输入"o",打开对象。

5. 按【Space】键结束命令。

6. 即可将非多段线转变为多段线。

> **提示：**
>
> 　　直接双击样条曲线，也可以进入样条曲线编辑状态。

2. 添加顶点

1. 双击样条曲线进入编辑状态。

2. 在命令行输入"e"，然后输入"a"添加顶点。

3. 依次在合适的位置单击，添加顶点。

4. 连续按【Space】键退出编辑状态。

5. 即可看到添加顶点后的效果。

3. 删除顶点

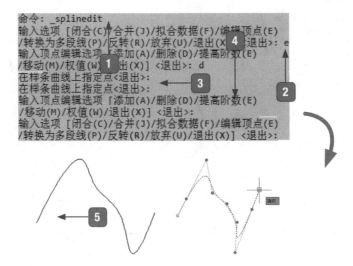

1. 双击样条曲线进入编辑状态。

2. 在命令行输入"e"，然后输入"d"删除顶点。

3. 选择端点为删除的顶点。

4. 连续按【Space】键退出编辑状态。

5. 删除顶点后的效果。

4.3 创建和编辑多线

使用多线命令可以很方便地创建多条平行线，多线命令常用在建筑设计和室内装潢设计中，比如绘制墙体。

4.3.1 设置多线样式

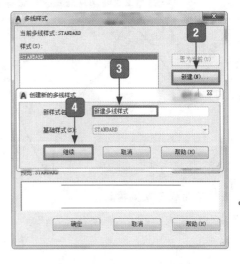

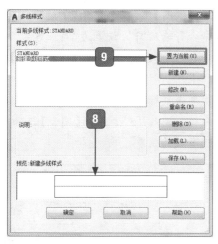

1 选择【格式】→【多线样式】选项。

2 在【多线样式】对话框中单击【新建】
按钮。

3 在【创建新的多线样式】对话框中输
入新样式名称。

4 单击【继续】按钮。

5 在【封口】区域选中【直线】的【起点】

和【端点】复选框。

6 单击【添加】按钮，增加新的元素。

7 在【颜色】下拉列表框中改变颜色。

8 在【预览】区域预览新样式。

9 单击【置为当前】按钮，即可将新建
样式设置为当前样式。

4.3.2 创建多线

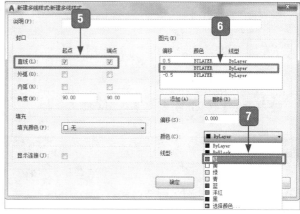

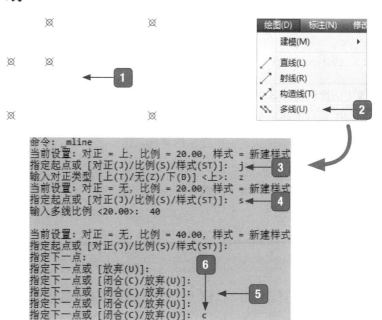

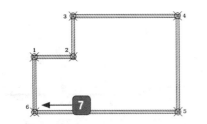

1 打开"素材\ch04\创建多线.dwg"文件。

2 选择【绘图】菜单→【多线】选项。

3 在命令行输入"j",设置为"对正方式"。

4 在命令行输入"s",设置【多线比例】为"40"。

5 依次单击鼠标指定 1~6 点。

6 在命令行输入"c",选择【闭合】选项。

7 创建多线的效果。

提示：

最后在命令行输入"c"让多线闭合和再选择点 1 的结果是不同的，左下图为输入"c"闭合的结果，右下图为最后选择点 1 的结果。

小白：多线选项有 3 种对正方式，这三种对正方式之间有什么区别呢？

大神：多线有上、无、下 3 种对正方式，各种对正方式的含义和示例如下。

上：在光标下方绘制多线，因此在指定点处将会出现具有最大正偏移值的直线	
无：将光标作为原点绘制多行，因此 MLSTYLE（多线样式）命令中"元素特性"的偏移 0.0 将在指定点处	
下：在光标上方绘制多线，因此在指定点处将出现具有最大负偏移值的直线	

小白：多线中的比例是什么意思？

大神：比例用于控制多线的全局宽度。该比例不影响线型比例。

多线比例基于在多线样式定义中建立的宽度。比例因子为"20"绘制多线时，其宽度是样式定义宽度的 20 倍。负比例因子将翻转偏移线的次序，当从左至右绘制多线时，偏移最小的多线绘制在顶部。负比例因子的绝对值也会影响比例，比例因子为 0 将使多线变为单一的直线。

比例为1　　比例为2

小白：大神，假如我建立了几个多线样式，绘制多线时怎样在这几个样式之间选择？

大神：调用多线命令后，在命令行输入"st"，然后输入想用的样式名即可，如果不记得样式名，可以在命令行输入"？"，然后在列出的所有样式名中选择即可。

4.3.3　多线编辑工具

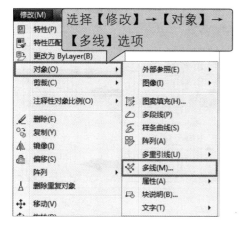

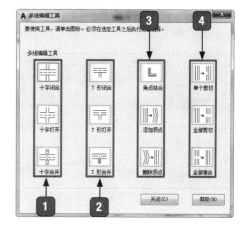

1️⃣ 用于管理交叉的点。

2️⃣ 用于管理 T 形交叉。

3️⃣ 用于管理角和顶点。

4️⃣ 用于管理多线的剪切和结合。

提示：

多线编辑的结果与编辑时选择编辑对象的先后顺序有关，具体如下表所示。

对话框中第一列为各项的操作示例，该列的选择有先后顺序，先选择的将被修剪掉

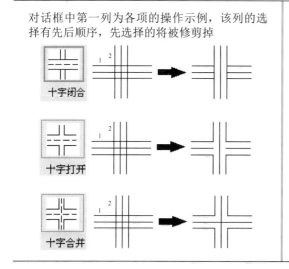

对话框中第二列为各项的操作示例，该列的选择有先后顺序，先选择的将被修剪掉，与选择位置也有关系，选取的位置被保留

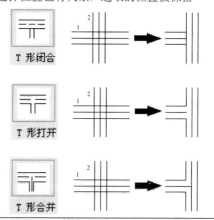

对话框中第三列为各项的操作示例，其中"角点结合"与选择的位置有关，选取的位置被保留

对话框中第四列为各项的操作示例，此列中的操作与选择点的先后顺序没有关系

4.3.4 编辑多线

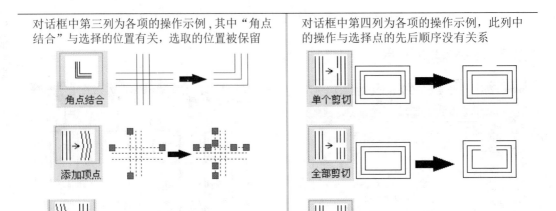

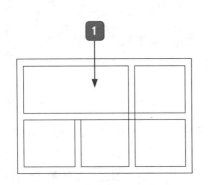

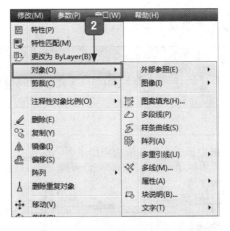

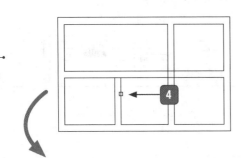

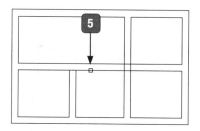

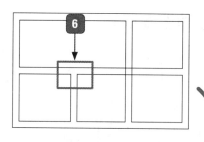

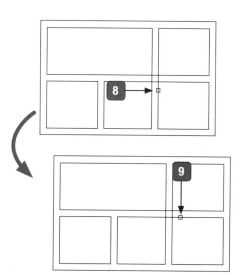

1️⃣ 打开"素材\ch04\编辑多线.dwg"文件。

2️⃣ 选择【修改】→【对象】→【多线】选项。

3️⃣ 在【多线编辑工具】对话框中单击【T形打开】图标。

4️⃣ 选择多线。

5️⃣ 选择多线。

6️⃣ 编辑后效果。

7️⃣ 在【多线编辑工具】对话框中单击【十字打开】图标。

8️⃣ 选择多线。

9️⃣ 选择多线。

🔟 最终效果。

4.4 创建和编辑图案填充

使用填充图案、实体填充或渐变填充来填充封闭区域或选定对象，图案填充常用来表示断面或材料特征。

4.4.1 创建图案填充

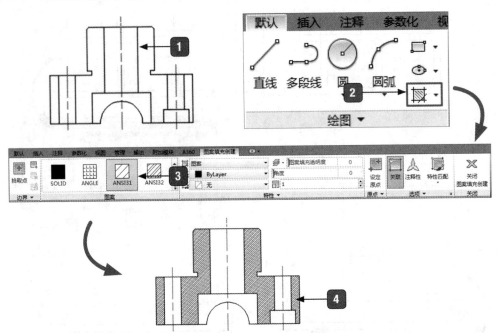

1 打开"素材 \ch04\ 创建和编辑图案填
　充 .dwg"文件。

2 单击【默认】选项卡→【绘图】面板→
　【图案填充】按钮。

3 选择合适的填充图案。

4 选择要填充的区域，即可看到填充后
　的效果。

> **提示：**
>
> 　调用【图案填充】命令后，AutoCAD
> 会自动弹出【图案填充创建】选项卡。

4.4.2 编辑图案填充

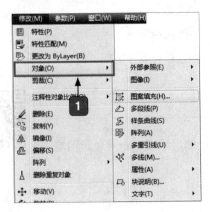

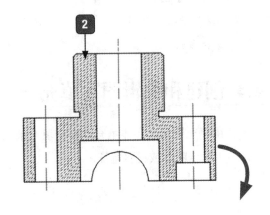

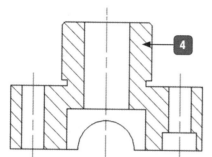

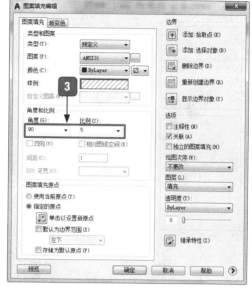

1 选择【修改】菜单→【对象】→【图案填充】选项。

2 选择要编辑的填充对象。

3 在【图案填充编辑】对话框中将【角度】设置为【90】，将【比例】设置为【5】。

4 图案填充后的效果。

提示：

　　除了用本节介绍的方法编辑图案填充外，直接单击要编辑的填充图案，AutoCAD 会自动弹出【图案填充编辑器】选项卡，在该编辑器中同样可以对填充图案进行设置。其实在创建填充时，在【图案填充创建】选项卡上也可以直接对填充图案进行设置。

小白：大神，创建填充时，我明明输入的角度是 0°，但创建的却是 45° 倾斜线，这是为什么？

大神：这是因为 AutoCAD 默认填充角度为 "0°" "+45°"，所以当你输入的填充角度为 0° 时，显示的实际为 45°，而当把填充角度修改为 90° 时，实际显示的角度为 135°。

小白：这么说，我要显示 90° 填充，实际上应该输入 45° 吗？

大神：是的。

4.5 面域

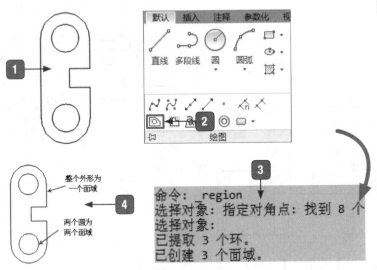

```
命令: _region
选择对象: 指定对角点: 找到 8 个
选择对象:
已提取 3 个环。
已创建 3 个面域。
```

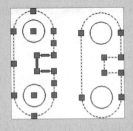

整个外形为一个面域

两个圆为两个面域

1 打开"素材 \ch04\ 创建面域 .dwg"文件。

2 单击【默认】选项卡→【绘图】面板→【面域】按钮。

3 选择所有图形并按【Space】键结束对象选择。

4 面域效果。

提示:

　　面域是指用户从对象的闭合平面环创建的二维区域。有效对象包括多段线、直线、圆弧、圆、椭圆弧、椭圆和样条曲线。每个闭合的环将转换为独立的面域,创建面域后将作为一个独立对象,本例中创建面域前后外轮廓对比如下图所示。

　　创建面域时拒绝所有交叉交点和自交曲线。如果未将【DELOBJ】系统变量设置为 0(零),【REGION】(面域命令)将在将原始对象转换为面域之后删除这些对象。如果原始对象是图案填充对象,那么图案填充的关联性将丢失。要恢复图案填充关联性,请重新填充此面域。在将对象转换至面域后,可以使用求并、求差或求交操作将它们合并到一个复杂的面域中。

4.6 综合实战——绘制墙体平面图

墙体是建筑物的重要组成部分，它的作用是承重、围护或分隔空间。在 AutoCAD 中，主要用【多线】和【多线编辑】命令来绘制墙体。墙体平面图绘制完成后如右图所示。

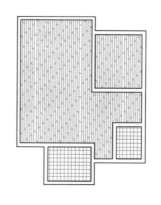

4.6.1 设置多线样式

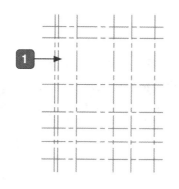

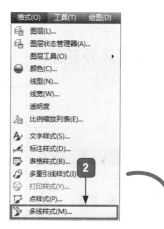

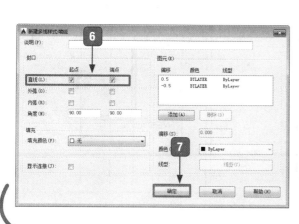

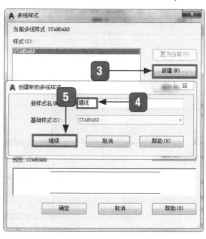

101

2 选择【格式】菜单→【多线样式】选项。

3 在【多线样式】对话框中单击【新建】按钮。

4 在【创建新的多线样式】对话框中输入新样式名称。

5 单击【继续】按钮。

6 在【封口】区域中选中直线的【起点】和【端点】复选框。

7 单击【确定】按钮。

8 在【多线样式】对话框中选择新建的多线，然后单击【置为当前】按钮。

1 打开"素材\ch04\绘制墙体平面图.dwg"文件。

4.6.2 绘制墙体外轮廓

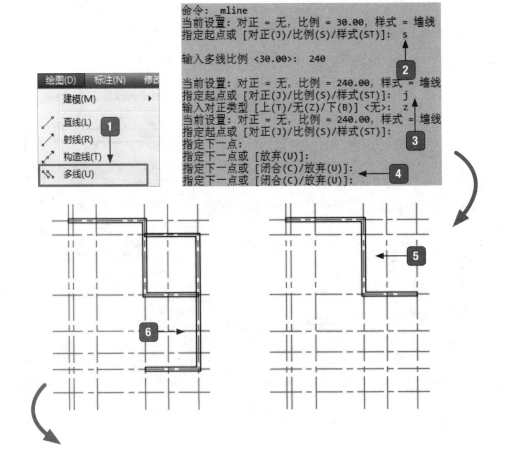

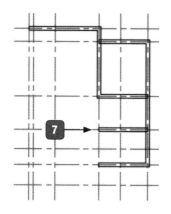

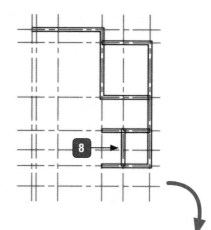

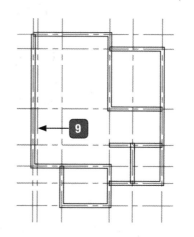

1 选择【绘图】→【多线】选项。

2 在命令行输入"s"，选择【比例】选项。

3 在命令行输入"j"，选择【对正】选项。

4 依次单击中心线的交点。

5 按【Space】键结束命令，即可看到绘制墙线效果。

6 重复【多线】命令继续绘制墙线。

7 重复【多线】命令继续绘制墙线。

8 重复【多线】命令继续绘制墙线。

9 重复【多线】命令继续绘制墙线。

4.6.3 编辑多线

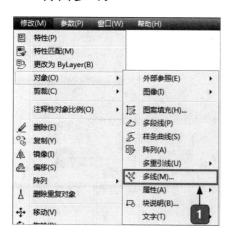

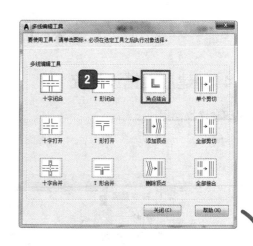

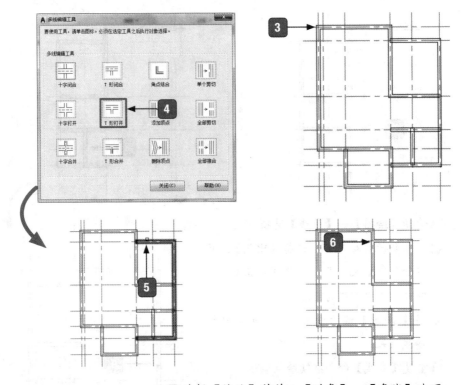

选择【修改】菜单→【对象】→【多线】选项。

在【多线编辑工具】对话框中选择【角点结合】选项。

编辑多线后效果。

在【多线编辑工具】对话框中选择【T形打开】选项。

选择第一条多线。

选择第二条多线。

重复【T形打开】命令后的效果。

4.6.4 创建底面铺设填充

1. 关闭和切换图层

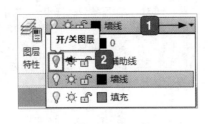

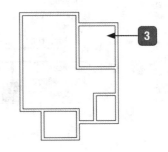

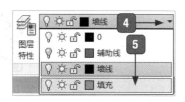

1 单击【默认】选项卡→【图层】面板中的【图层】下拉按钮。

2 单击"辅助线"前面的"💡"图标，将它关闭（变成灰色）。

3 关闭【辅助线】图层后的效果。

4 单击【默认】选项卡→【图层】面板中的【图层】下拉按钮。

5 单击【填充】图层，将其置为当前。

2. 创建填充

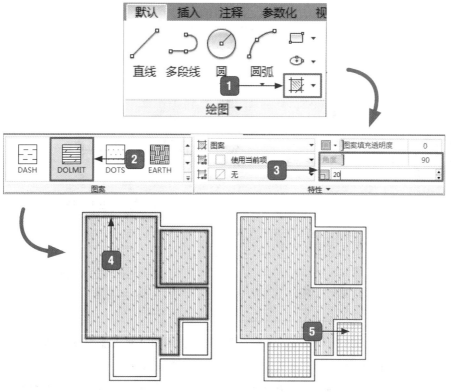

1 单击【默认】选项卡→【绘图】面板→【图案填充】按钮。

2 选择需要的填充图案。

3 设置填充角度和比例。

4 选择要填充的区域进行填充。

5 重复【填充】命令，选择【ANSI37】图案为填充图案，设置填充角度为【45°】、填充比例为【75】。

105

痛点解析

痛点： 如何将自己创建的填充图案导入 AutoCAD 中

大神： 小白，在发什么呆呢？

小白： 大神，快救救我，怎么将创建的填充图案导入到 AutoCAD 中呢？

大神： AutoCAD 的填充图案格式为 ".pat"，且都放在 "Support" 文件夹下，因此将你创建的填充图案复制到 AutoCAD 安装目录的 "Support" 文件夹下，即可在图案填充时调用该图案。

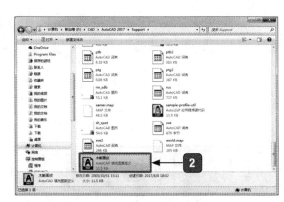

木断面纹
AutoCAD 填充图案定义
11.5 KB

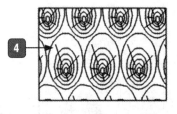

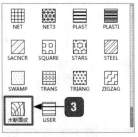

1. 打开 "素材 \ch04" 文件夹，找到 "木断面纹 .pat" 文件。

2. 将文件复制到 "Support" 文件夹下。

3. 调用【填充】命令，选择自己创建的填充图案。

4. 即可在 "Support" 下看到创建的填充图案。

大神支招

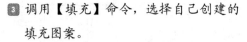

1. 夹点编辑

在没有调用命令的情况下选取对象时，对象上会出现高亮显示的夹点，单击这些夹点，可以对对象进行移动、拉伸、旋转、缩放、镜像等编辑。

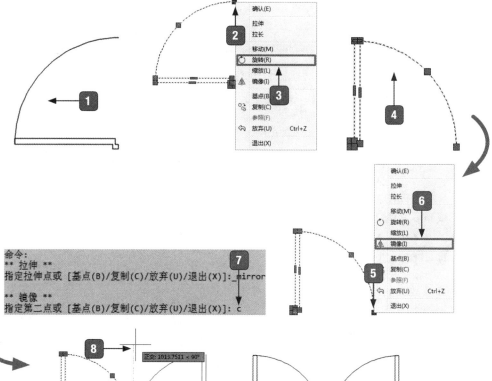

命令:
** 拉伸 **
指定拉伸点或 [基点(B)/复制(C)/放弃(U)/退出(X)]:_mirror

** 镜像 **
指定第二点或 [基点(B)/复制(C)/放弃(U)/退出(X)]: c

① 打开"素材\ch04\夹点编辑.dwg"文件。

② 选择图形,然后单击夹点。

③ 右击,在弹出的快捷菜单上选择【旋转】选项。

④ 旋转后的图形效果。

⑤ 单击该夹点。

⑥ 右击,在弹出的快捷菜单上选择【镜像】选项。

⑦ 在命令行输入"c",选择【复制】选项。

⑧ 拖动鼠标指定第二点。

⑨ 退出夹点编辑后的效果。

提示:
　　夹点编辑的【镜像】默认是镜像后删除源对象,如果要保存源对象,可以在提示【指定第二点】时,在命令行输入"c",然后再指定第二点。

2. 能同时创建多段线和面域的边界命令

除了 4.5 节介绍的创建面域的方法外,还可以通过【边界】命令来创建面域。【边界】命令不仅可以创建面域,还可以创建多段线。

（1）创建多段线。

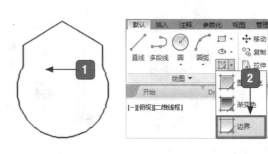

① 打开"素材 \ch04\ 边界命令创建面域和多段线 .dwg"文件。

② 单击【默认】选项卡→【绘图】面板→【边界】按钮。

③ 在【边界创建】对话框中设置【对象类型】为"多段线"。

④ 单击【拾取点】按钮。

⑤ 在图形内部单击。

⑥ 将光标定位在对象上显示为多段线。

提示：
    如果第 3 步设置【对象类型】为【面域】，则生成面域。

（2）创建面域。

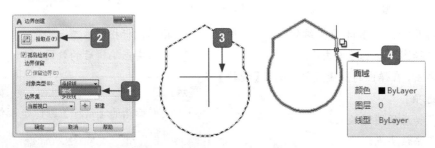

① 设置【对象类型】为【面域】。

② 单击【拾取点】按钮。

③ 在图形内部单击。

④ 将光标定位在对象上显示为面域。

提示：
    【边界】命令默认生成多段线或面域后仍保存源对象，选择生成的对象，会显示为重叠对象。

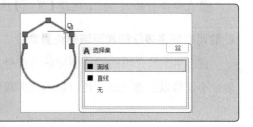

第5章

文字与表格
——创建泵体装配图的明细栏

>>> 如何创建文字样式？

>>> 单行文字和多行文字有什么区别？

>>> 如何创建表格样式？

>>> 创建表格时行的高度到底是多少？

这一章就来告诉你 AutoCAD 2017 中文字与表格的应用技巧！

5.1 新建文字样式

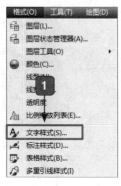

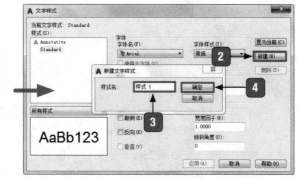

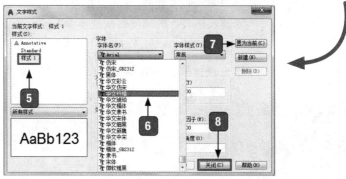

1️⃣ 选择【格式】菜单→【文字样式】选项。

2️⃣ 在【文字样式】对话框中单击【新建】
按钮。

3️⃣ 在【新建文字样式】对话框中输入新
样式名称。

4️⃣ 单击【确定】按钮。

5️⃣ 在【样式】列表框中选中新建的样式。

6️⃣ 在【字体名】下拉列表框中选择字体。

7️⃣ 单击【置为当前】按钮，将新建的样
式设置为当前样式。

8️⃣ 单击【关闭】按钮。

小白： 这样就可以创建自己的文字样式了？可是【文字样式】对话框中有很多选项，但是上
面介绍得很简略，那么其他没介绍的选项是什么意思呢？

大神： 【文字样式】对话框中的确有很多选项，我们上面只是简单介绍了最基本的创建方式，
对于其他选项的含义及示例如下表所示。

选项	含义	示例	备注
样式	列表显示图形中所有的文字样式	当前文字样式：样式 1 样式(S): ⚠ Annotative Standard 样式 1	样式名前的⚠图标指示样式为注释性

选项	含义	示例	备注
样式列表过滤器	下拉列表指定是所有样式还是仅使用中的样式显示在样式列表中	所有样式 所有样式 正在使用的样式	
字体名	AutoCAD 提供了两种字体，即编译的形（.shx）字体和 TrueType 字体。从列表中选择名称后，该程序将读取指定字体的文件	字体 字体名(F)： Tahoma @华文行楷 @华文中宋 @楷体_GB2312 @隶书 @宋体 @宋体-PUA @微软雅黑 @新宋体 @幼圆 AcadEref acaderef.shx aehalf.shx AIGDT Algerian AmdtSymbols amdtsymbols.shx AMGDT amgdt.shx	如果更改现有文字样式的方向或字体文件，当图形重生成时所有具有该样式的文字对象都将使用新值
字体样式	指定字体格式，如斜体、粗体或常规字体。选中【使用大字体】复选框后，该选项变为"大字体"，用于选择大字体文件	字体样式(Y)： 常规 常规 斜体 粗体 粗斜体 字体 SHX 字体(X) 大字体(B) cdm.shx bigfont.shx ☑ 使用大字体(U)	"大字体"是指亚洲语言的大字体文件，只有在"字体名"中选择了"SHX"字体，才能启用【使用大字体】选项。如果选择"SHX"字体，并且选中【使用大字体】复选框，【字体样式】下拉列表才会有与之相对应的选项供其使用
注释性	注释性对象和样式用于控制注释对象在模型空间或布局中显示的尺寸和比例		注意：在相同的高度设置下，TrueType 字体显示的高度可能会小于 SHX 字体 如果选择【注释性】选项，则输入的值将设置图纸空间中的文字高度
使用文字方向与布局匹配	指定图纸空间视口中的文字方向与布局方向匹配。如果未选择【注释性】选项，则该选项不可用	大小 ☐ 注释性(I) 高度(T) ☐ 使文字方向与布局匹配(M) 0.0000 不勾选"注释性" 大小 ☑ 注释性(I) 图纸文字高度(T) ☐ 使文字方向与布局匹配(M) 0.0000 勾选"注释性"	
高度	字体高度一旦设定，在输入文字时将不再提示输入文字高度，只能用设定的文字高度，所以如果不是指定用途的文字一般不设置高度		
颠倒	颠倒显示字符	ƐᄅƖqꓒɐ∀	
反向	反向显示字符	AaBb123（反向）	

111

选项	含义	示例	备注
垂直	显示垂直对齐的字符	AaBb	只有在选定字体支持双向时"垂直"才可用。TrueType 字体的垂直定位不可用
宽度因子	设置字符间距。输入小于 1.0 的值将压缩文字。输入大于 1.0 的值则扩大文字	AaBb123 AaBb123 AaBb123　宽度比例因子分别为：1.2、1和0.8 的显示效果	
倾斜角度	设置文字的倾斜角	*AaBb123*	该值范围为−85~85

> **提示：**
> 　　使用 TrueType 字体在屏幕上可能显示为粗体。屏幕显示不影响打印输出，字体按指定的字符格式打印。

5.2 创建和编辑单行文字

可以使用单行文字命令创建一行或多行文字，在创建多行文字的时候，通过按【Enter】键来结束每一行。其中，每行文字都是独立的对象，可对其进行重定位、调整格式或进行其他修改。

5.2.1 创建单行文字

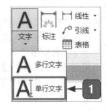

1 单击【默认】选项卡→【注释】面板→【单行文字】按钮。

2 单击鼠标指定起点。

3 设定文字的高度和旋转角度。

4 在文本框中输入文字。

5 按两次【Space】键退出命令后的效果。

> **提示：**
> 　　文字的【旋转角度】是指文字行整体与水平线的夹角，而【文字样式】对话框中的倾斜角度，是指字体的倾斜角度。下图中的文字倾斜角度为15°，旋转角度为0°。

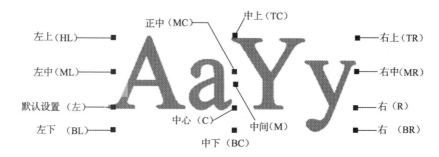

小白：在指定文字起点时，在命令行输入"j"，然后弹出了很多对齐方式。这么多对齐方式，怎么记住各自的对齐样子呢？

> [左(L)/居中(C)/右(R)/对齐(A)/中间(M)/布满(F)/左上(TL)/中上(TC)/右上(TR)/左中(ML)/正中(MC)/右中(MR)/左下(BL)/中下(BC)/右下(BR)]:

大神：AutoCAD 提供了多种对齐方式，如果死记硬背，肯定是记不住的，如果按照下图所示记忆就简单多了。

正中（MC）　中上（TC）
左上（HL）　　　　　　　　　　右上（TR）
左中（ML）　　　　　　　　　　右中（MR）
默认设置（左）　　　　　　　　右（R）
左下（BL）　中心（C）　右（BR）
中间（M）
中下（BC）

5.2.2 编辑单行文字

1. 编辑文字内容

1 打开"素材\ch05\编辑单行文字.dwg"文件。

2 选择【修改】菜单→【对象】→【文字】→【编辑】选项。

3 选中文字进行编辑。

4 编辑后的效果。

AutoCAD中的文字有单行和多行文字之分。

AutoCAD中的文字有单行和多行文字之分。 ◄ 3

113

AutoCAD包含单行和多行两种文字。 ← **4**

> **提示:**
> 直接双击文字，也可以进入文字编辑状态。

2. 修改文字高度

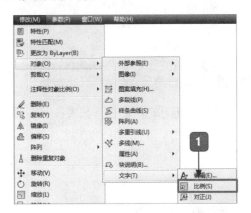

AutoCAD包含单行和多行两种文字。

5 → AutoCAD包含单行和多行两种文字。

1 选择【修改】菜单→【对象】→【文字】→
　　【比例】选项。

3 接受现有的对齐方式。

4 在命令行输入新的文字高度。

2 选中文字。

5 文字高度修改前后对比效果。

3. 修改对正方式

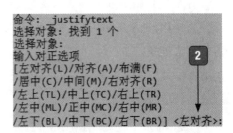

1 选择【修改】菜单→【对象】→【文字】→【对正】选项。

2 选择新的对齐方式。

> **提示:**
> 对正方式只改变选定文字对象的对齐点而不改变其位置。

5.3 创建和编辑多行文字

多行文字又称为段落文字，可以由两行以上的文字组成，多行文字与单行文字的区别在于各行文字都是作为一个整体处理。

5.3.1 创建多行文字

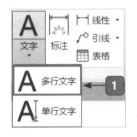

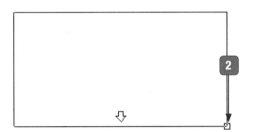

AutoCAD是目前使用最多的计算机辅助设计绘图软件之一，主要应用于机械、建筑、电子等领域。AutoCAD彻底改变了传统的绘图模式，从而极大地提高了绘图速度，使设计者有更多时间去从事产品设计。 **5**

1 单击【默认】选项卡→【注释】面板→ 【多行文字】按钮。

2 拖动鼠标指定输入区域。

3 在输入框输入文字。

4 单击【关闭文字编辑器】按钮。

5 创建多行文字效果。

> **提示:**
> 在输入多行文字时，每行文字输入完成后，系统会自动换行；拖动右侧的◇图标可以调整文字输入窗口的宽度；另外，当文字输入窗口中的文字过多时，系统将自动调整文字输入窗口的高度，从而使输入的多行文字全部显示。在输入多行文字时，按【Enter】键的功能是切换到下一段落，只有按【Ctrl+Enter】组合键才可结束输入操作。

115

5.3.2 编辑多行文字

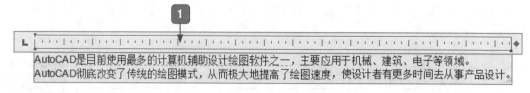

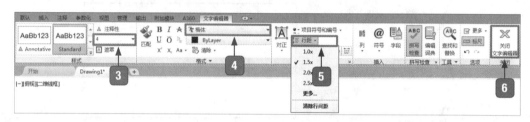

① 双击进入文字编辑状态。

② 拖动◇图标调节行的宽度。

③ 选中文字，修改字号，然后按【Space】
键确认。

④ 选中文字，然后修改字体。

⑤ 选中文字，修改行距。

⑥ 单击【关闭文字编辑器】按钮。

⑦ 多行文字编辑效果。

116 **5.4 创建与编辑表格**

　　表格使用行和列以一种简洁清晰的形式提供信息，常用于一些组件的图形
中。表格样式用于控制一个表格的外观，用于保证标准的字体、颜色、文本、高度和行距。
用户可以使用默认的表格样式，也可以根据需要自定义表格样式。

5.4.1 创建表格样式

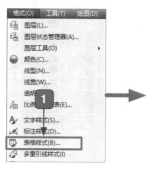
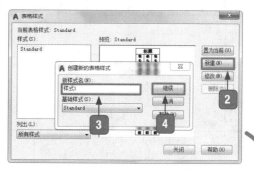

1 选择【格式】菜单→【表格样式】选项。

2 在【表格样式】对话框中单击【新建】按钮。

3 在【创建新的表格样式】对话框中输入样式名称。

4 单击【继续】按钮。

5 在【单元样式】下拉列表框中可以选择【标题】【表头】和【数据】3个选项。

6 选择【标题】选项后，可以对标题的特性、页边距、文字及边框进行设置。

> **提示：**
>
> 如果选择【表头】或【数据】选项，同样可以对这两项的特性、页边距、文字及边框进行设置。

【表格样式】对话框用于创建、修改表格样式，表格样式包括背景色、页边距、边界、文字和其他表格特征的设置。表格样式对话框各选项的含义如下表所示。

选项	含义	示例
起始表格	使用户可以在图形中指定一个表格用作样例来设置此表格样式的格式。选择表格后，可以指定要从该表格复制到表格样式的结构和内容。使用【删除表格】图标，可以将表格从当前指定的表格样式中删除	起始表格 选择起始表格(E):

选项		含义	示例
常规		设置表格方向。"向下"将创建由上而下读取的表格。"向上"将创建由下而上读取的表格	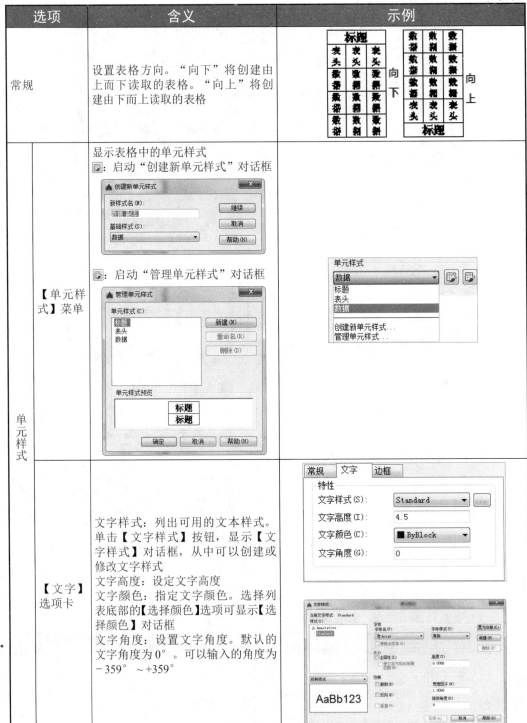
单元样式	【单元样式】菜单	显示表格中的单元样式 ：启动"创建新单元样式"对话框 ：启动"管理单元样式"对话框	
	【文字】选项卡	文字样式：列出可用的文本样式。单击【文字样式】按钮，显示【文字样式】对话框，从中可以创建或修改文字样式 文字高度：设定文字高度 文字颜色：指定文字颜色。选择列表底部的【选择颜色】选项可显示【选择颜色】对话框 文字角度：设置文字角度。默认的文字角度为0°。可以输入的角度为−359°～+359°	

选项		含义	示例
单元样式	【常规】选项卡	用于设置数据单元、单元文字和单元边框的外观 填充颜色：指定单元的背景色。可以选择【选择颜色】选项以显示【选择颜色】对话框。默认值为【无】 对齐：设置表格单元中文字的对正和对齐方式。文字相对于单元的顶部边框和底部边框进行居中对齐、上对齐或下对齐。文字相对于单元的左边框和右边框进行居中对正、左对正或右对正 格式：为表格中的"数据""列标题"或"标题"行设置数据类型和格式。单击该按钮将显示【表格单元格式】对话框，从中可以进一步定义格式选项 类型：将单元样式指定为标签或数据 页边距：控制单元边框和单元内容之间的间距。单元边距设置应用于表格中的所有单元。水平：设置单元中的文字或块与左右单元边框之间的距离。垂直：设置单元中的文字或块与上下单元边框之间的距离 创建行/列时合并单元：将使用当前单元样式创建的所有新行或新列合并为一个单元。可以使用此选项在表格的顶部创建标题行	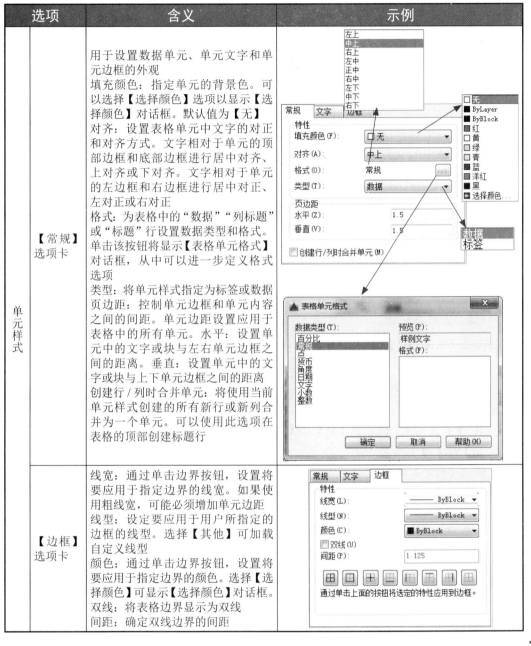
	【边框】选项卡	线宽：通过单击边界按钮，设置将要应用于指定边界的线宽。如果使用粗线宽，可能必须增加单元边距 线型：设定要应用于用户所指定的边框的线型。选择【其他】可加载自定义线型 颜色：通过单击边界按钮，设置将要应用于指定边界的颜色。选择【选择颜色】可显示【选择颜色】对话框。 双线：将表格边界显示为双线 间距：确定双线边界的间距	

5.4.2 创建表格

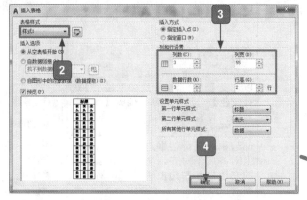

① 单击【默认】选项卡→【注释】面板→【表格】按钮。

② 在【插入表格】对话框中选择表格样式。

③ 将【列数】和【数据行数】均设置为【3】，【列宽】设置为【55】，【行高】设置为【2】。

④ 单击【确定】按钮。

⑤ 在表格中输入标题。

⑥ 在表格中输入表头和数据。

> **提示:**
>
> 双击单元格，鼠标指针会自动变成输入状态的光标，按【↑】【↓】【←】【→】键可以切换到相邻的单元格继续输入。

小白：明明设置的是 3 行，为什么生成的表格却是 5 行？

大神：这是因为设置的 3 行只是数据行，加上"表头"和"标题"行就是 5 行了。

小白：大神，插入表格时，行高怎么控制？

大神：创建表格时，列宽值就是创建表格后列的宽度值，而行高则是"2× 垂直页边距 + 4/3× 文字高度 ×n（行数）"。

小白：垂直页边距和文字的高度在哪儿设置？

大神：垂直页边距和文字的高度在【表格样式】对话框中怎样设置。

小白：按照上面的公式，我们上面创建表格的样式 1，垂直页边距都为 1.5，表头文字高度为 6，数据文字高度为 4.5，那么表头高度为"2×1.5+4/3×6×2=19"，数据表格的高度为"2×1.5+4/3×4.5×2=15"。

大神：是的，我们创建的表格的行高如下图所示。

2017年第一季度财务表			19
收入（万元）	支出（万元）	月份	15
5.6000	3.9000	1	15
4.7000	3.6000	2	15
6.8000	4.3000	3	15
55	55	55	

大神：其实，表格是有最小列宽和最小行高限制的，即最小列宽 =2× 水平页边距 + 文字高度；最小行高 =2× 垂直页边距 +4/3× 文字高度。

大神：当设置的列宽大于最小列宽时，以指定的列宽创建表格；当设置的列宽小于最小列宽时，以最小列宽创建表格。行高必须为最小行高的整数倍。

5.4.3 编辑表格

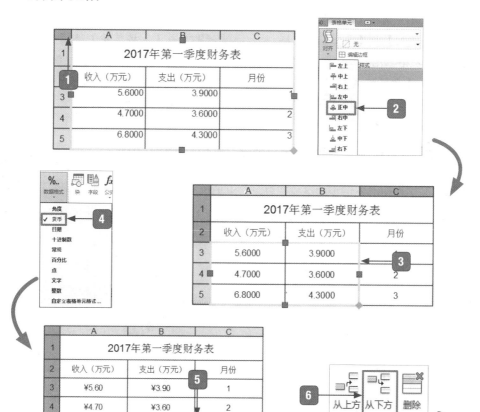

121

1 选中表格，然后单击左上角单元格。

2 单击【表格单元】选项卡→【单元样式】面板→【对齐】下拉按钮，在弹出的下拉菜单中选择【正中】选项。

3 选中【收入】和【支出】单元格。

4 单击【表格单元】选项卡→【单元格式】面板→【数据格式】下拉按钮，在弹出的下拉菜单中选择【货币】选项。

5 选中最后一行单元格。

6 单击【表格单元】选项卡→【行】面板→【从下方插入】按钮。

7 选中最后一行单元格。

8 单击【表格单元】选项卡→【合并】面板→【按行合并】按钮。

9 在单元格中输入文字。

10 表格编辑完成后效果。

5.5 综合实战——创建泵体装配图的明细栏

明细栏是装配图必不可少的组成部分，它用于填写组成零件的序号、名称、材料、数量、标准件规格及零件热处理要求等。泵体装配图的明细栏创建完成后如下图所示。

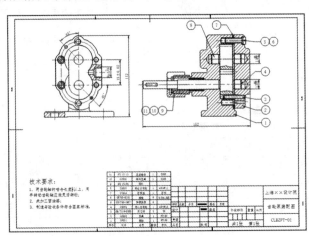

5.5.1 创建明细栏表格样式

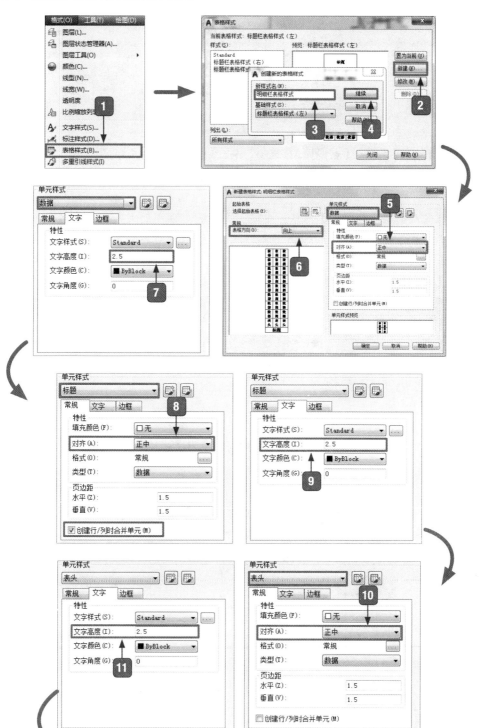

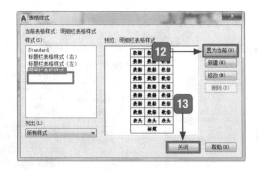

1. 选择【格式】菜单→【表格样式】选项。

2. 在【表格样式】对话框中单击【新建】按钮。

3. 在【创建新的表格样式】对话框中输入新样式名称。

4. 单击【继续】按钮。

5. 在【对齐】下拉列表框中选择【正中】选项。

6. 在【表格方向】下拉列表框中选择【向上】选项。

7. 输入新的文字高度。

8. 在【对齐】下拉列表框中选择【正中】选项。

9. 输入新的文字高度。

10. 在【对齐】下拉列表框中选择【正中】选项。

11. 输入新的文字高度。

12. 在【表格样式】对话框中单击【置为当前】按钮。

13. 单击【关闭】按钮。

5.5.2 创建明细栏表格

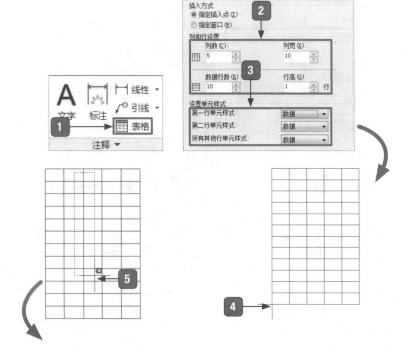

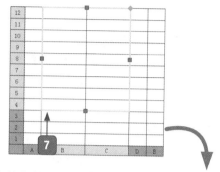

1️⃣ 单击【默认】选项卡→【注释】面板→【表格】按钮。

2️⃣ 将【列数】设置为【5】，【列宽】设置为【10】，【数据行数】设置为【10】，【行高】设置为【1】。

3️⃣ 将【单元样式】全部设置为【数据】。

4️⃣ 指定插入位置。

5️⃣ 按【Esc】键退出文字输入，然后选择需要的单元格。

6️⃣ 按【Ctrl+1】组合键将单元格的宽度改为【25】。

7️⃣ 单元格修改后的效果。

8️⃣ 选择最右侧单元格，将列宽改为【20】。

5.5.3 填写明细表

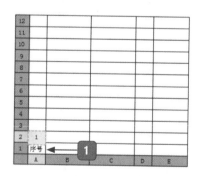

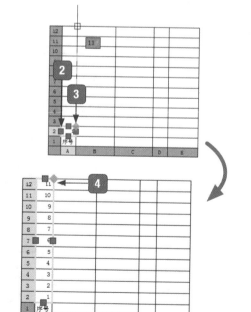

11	85.15.10	压紧螺母	1	Q235
10	GC006	填料压盖	1	Q235
9	85.15.06	填料		
8	GS005	输出齿轮轴	1	45+淬火
7	GV004	石棉垫	1	石棉
6	GBT65-2000	螺栓	6	性能4.8级
5	GB/T93-1987	弹簧垫圈	6	
4	GS003	输入齿轮轴	1	45+淬火
3	GB/T119-2000	定位销	2	35
2	GC002	泵盖	1	HT150
1	GP001	泵体	1	HT150
序号	代号	名称	数量	材料

① 双击单元格，输入相应的内容。

② 在空白处单击退出输入。

③ 单击单元格，然后按住【Ctrl】键单击
右上角的菱形夹点向上拖动。

④ 拖动后效果。

⑤ 填写表格的其他内容。

5.5.4 调整明细表

12	11	85.15.10	压紧螺母	1	Q235
11	10	GC006	填料压盖	1	Q235
10	9	85.15.06	填料		
	8	GS005	输出齿轮轴	1	45+淬火
8	7	GV004	石棉垫	1	石棉
7		GBT65-2000	螺栓	6	性能4.8级
6	5	GB/T93-1987	弹簧垫圈	6	
5	4	GS003	输入齿轮轴		45+淬火
4	3	GB/T119-2000	定位销	2	35
3	2	GC002	泵盖	1	HT150
2	1	GP001	泵体	1	HT150
1	序号	代号	名称	数量	材料
	A	B	C	D	E

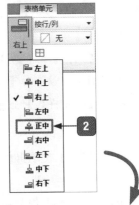

11	85.15.10	压紧螺母	1	Q235
10	GC006	填料压盖	1	Q235
9	85.15.06	填料		
8	GS005	输出齿轮轴	1	45+淬火
7	GV004	石棉垫	1	石棉
6	GBT65-2000	螺栓	6	性能4.8级
5	GB/T93-1987	弹簧垫圈	6	
4	GS003	输入齿轮轴		45+淬火
3	GB/T119-2000	定位销	2	35
2	GC002	泵盖	1	HT150
1	GP001	泵体	1	HT150
序号	代号	名称	数量	材料

11	85.15.10	压紧螺母	1	Q235
10	GC006	填料压盖	1	Q235
9	85.15.06	填料		
8	GS005	输出齿轮轴	1	45+淬火
7	GV004	石棉垫	1	石棉
6	GBT65-2000	螺栓	6	性能4.8级
5	GB/T93-1987	弹簧垫圈	6	
4	GS003	输入齿轮轴	1	45+淬火
3	GB/T119-2000	定位销	2	35
2	GC002	泵盖	1	HT150
1	GP001	泵体	1	HT150
序号	代号	名称	数量	材料

12	11	85.15.10	压紧螺母	1	Q235
11	10	GC006	填料压盖	1	Q235
10	9	85.15.06	填料		
9	8	GS005	输出齿轮轴	1	45+淬火
8	7	GV004	石棉垫	1	石棉
7	6	GBT65-2000	螺栓	6	性能4.8级
6	5	GB/T93-1987	弹簧垫圈	6	
5	4	GS003	输入齿轮轴	1	45+淬火
4	3	GB/T119-2000	定位销	2	35
3	2	GC002	泵盖	1	HT150
2	1	GP001	泵体	1	HT150
1	序号	代号	名称	数量	材料
	A	B	C	D	E

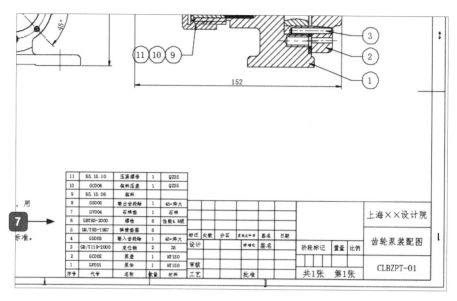

1 选中位置不在单元格正中的文字。

2 单击【表格单元】选项卡→【单元样式】面板→【对齐】下拉按钮，在弹出的下拉菜单中选择【正中】选项。

3 文字调整后的效果。

4 将其他单元格也"正中"对齐。

5 单击【默认】选项卡→【修改】面板→【移动】按钮。

6 捕捉端点作为移动基点。

7 标题栏的左下端点为位移的第二点，完成后效果如图所示。

痛点解析

痛点 1：AutoCAD 中的文字为什么是"？"

小白： 大神，我的文字为什么显示是"？"？

大神： 这有两种情况，一是你的字体库里面没有所需字体；二是字体名和字体样式不统一造成的。而且不仅会以"?"显示，有时候还会显示为乱码。

小白： 什么是字体名和字体样式不统一？

大神： 这个也分两种情况，一种情况是指定了字体名为"SHX"的文件，而没有选中【使用大字体】复选框；另一种情况是选中了【使用大字体】复选框，却没有为其指定一个正确的字体样式。

小白： 那有什么办法让这些文字显示吗？

大神： 如果是字体库没有这种字体，将"？"文字进行替换就可以正常显示这些内容了。如果是字体名和字体样式不统一，通过设置让它们统一即可。

127

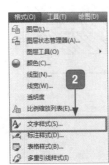

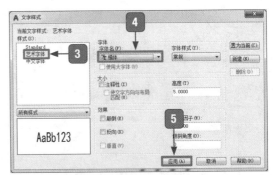

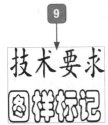

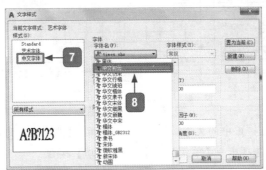

1️⃣ 打开"素材\ch05\AutoCAD字体.dwg"文件。

2️⃣ 选择【格式】菜单→【文字样式】选项。

3️⃣ 在【样式】下拉列表框中选择【艺术字体】选项。

4️⃣ 在【字体名】下拉列表框中选择替代字体。

5️⃣ 单击【应用】按钮。

6️⃣ 应用替代字体后效果。

7️⃣ 在【样式】下拉列表框中选择【中文字体】选项。

8️⃣ 在【字体名】下拉列表框中更换字体,单击【应用】按钮。

9️⃣ 最终效果。

痛点2:如何输入特殊符号

小白:大神,这个图纸中的"Φ、±"是怎么输入的?

大神:AutoCAD中创建这些特殊符号的方法有两种:一种是通过"文字编辑器"的符号选项进行插入;另一种是通过AutoCAD提供的控制码(两个百分号%%)都加一个字母代表该符号的字母实现。

(1)插入特殊符号。

128

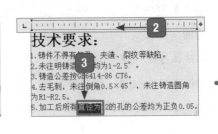

技术要求:
1.铸件不得有气孔、夹渣、裂纹等缺陷。
2.未注明铸造斜度均为1-2.5°。
3.铸造公差按GB6414-86 CT6。
4.去毛刺,未注倒角0.5×45°,未注铸造圆角
为R1-R2.5。
5.加工后所有ø12的孔的公差均为±0.05。 **6**

技术要求:
1.铸件不得有气孔、夹渣、裂纹等缺陷。
2.未注明铸造斜度均为1-2.5°。
3.铸造公差按GB6414-86 CT6。
4.去毛刺,未注倒角0.5×45°,未注铸造圆角
为R1-R2.5。
5.加工后所有ø12的孔的**5**为正负0.05。

度数 %%d
正/负 %%p
直径 %%c ← **4**

1 打开"素材\ch05\插入特殊符号.dwg"
文件。

2 双击文件进入编辑状态。

3 选择要插入特殊符号的位置。

4 单击【文字编辑】选项卡→【插入】
面板→【符号】下拉按钮,选择【直径】
选项。

5 插入特殊符号后的效果。

6 选择文字"正负",将其更改为符号
"±"。

提示:

　　若符号下拉菜单中没有需要的符号,
可以选择【其他】选项,在弹出的【字符
映射表】窗口中还有更多符号以供选择。

（2）通过控制码输入特殊符号。

AutoCAD 常用的特殊字符代码如下表所示。

代 码	功 能	输入效果
%%O	打开或关闭文字上画线	教程
%%U	打开或关闭文字下画线	说明
%%D	标注度（°）符号	60°
%%P	标注正负公差（±）符号	±100
%%C	标注直径（φ）符号	φ150
%%%	百分号（%）	%
\U+2220	角度（∠）	∠ 60
\U+2260	不等于（≠）	18 ≠ 18.5
\U+2248	约等于（≈）	≈ 68
\U+0394	差值（△）	△ 80

例如,输入"%%U 不锈钢 %%U%%O
垫片 %%O:直径 %%C5,圆角 30%%D,
误差 %%P1"。

结果显示为:

不锈钢垫片:直径⌀5,圆角30°,误差±1

大神支招

问:如何在 AutoCAD 中插入 Excel 表格？

如果需要在 AutoCAD 中插入 Excel 表格,则可以按照以下方法进行。

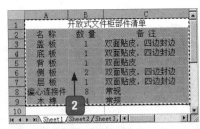

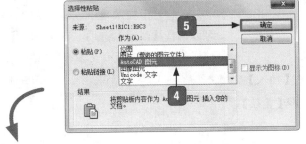

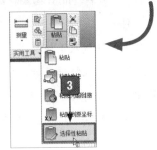

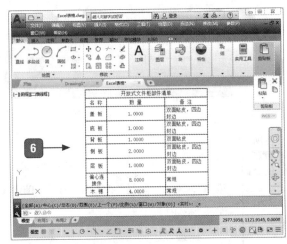

1 打开"素材 \ch05\Excel 表格 .xlsx"文件。

2 选择复制表格内容。

3 单击【默认】选项卡→【剪贴板】面板→【粘贴】按钮，在弹出的下拉菜单中选择【选择性粘贴】选项。

4 在【作为】列表框中选择【AutoCAD 图元】选项。

5 单击【确定】按钮。

6 插入 Excel 表格效果。

问：如何替换原文中找不到的字体？

在用 AutoCAD 打开别人的图形时，经常会遇见提示原文中找不到该字体，那么这时候该怎么办呢？下面就以用"hztxt.shx"替换"hzst.shx"来介绍如何替换原文中找不到的字体。

（1）找到 AutoCAD 字体文件夹 (fonts) 把里面的"hztxt.shx"复制一份。

（2）重新命名为"hzst.shx"，然后再把"hzst.shx"放到"fonts"文件夹中，再重新打开此图就可以了。

提示：

经过一次替换后，以后如果再出现"htxt.shx"字体，AutoCAD 都会自动以本次替换结果进行处理。

第 の 章

>>> 如何创建标注样式？

>>> 基本尺寸标注和智能标注如何标注？

>>> 如何创建多重引线标注样式？

>>> 尺寸公差和形位公差如何标注？

这一章就来告诉你 AutoCAD 2017 标注的应用

技巧！

尺寸标注
——给齿轮轴添加尺寸标注

6.1 标注样式管理器

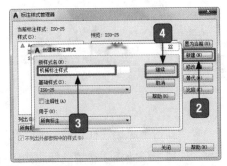

1. 选择【格式】菜单→【标注样式】选项。

2. 在【标注样式管理器】对话框中单击【新建】按钮。

3. 在【创建新标注样式】界面输入样式名称。

4. 单击【继续】按钮。

5. 在打开的对话框中对新建样式进行设置。

【标注样式管理器】对话框中各选项的含义如下。

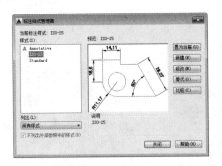

样式】对话框，如下图所示。

样式：列出了当前所有创建的标注样式，其中，Annotative、ISO-25、Standard 是 AutoCAD 固有的 3 种标注样式。

置为当前：样式列表中选择一种样式，然后单击该按钮，将会以选择的样式作为当前样式进行标注。

新建：单击该按钮，弹出【创建新标注

修改：弹出的【修改标注样式】对话框中的内容与【新建标注样式】对话框中的内容相同，区别在于一个是重新创建一个标注样式，另一个是在原有基础上进行修改。

替代：可以设定标注样式的临时替代值。对话框选项与【新建标注样式】对话框中的选项相同。

比较：显示【比较标注样式】对话框，从中可以比较两个标注样式或列出一个样式的所有特性。

在打开的【新建标注样式：机械标注样式】对话框中，各选项含义如下所示。

1. 【线】选项卡

在【线】选项卡中可以设置尺寸线、尺寸界线等内容。

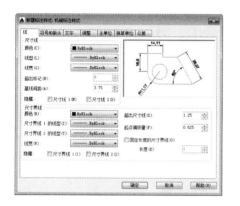

（1）设置尺寸线。

在【尺寸线】选项区域中可以设置尺寸线的颜色、线型、线宽、超出标记及基线间距等属性，如下图所示。

【颜色】下拉列表框：用于设置尺寸线的颜色。

【线型】下拉列表框：用于设置尺寸线的线型，下拉列表中列出了各种线型的名称。

【线宽】下拉列表框：用于设置尺寸线的宽度，下拉列表中列出了各种线宽的名称和宽度。

【超出标记】微调框：只有当尺寸线箭头设置为"建筑标记、倾斜、积分和无"时该选项才可以用，用于设置尺寸线超出尺寸界线的距离。

【基线间距】微调框：设置以基线方式标注尺寸时，相邻两尺寸线之间的距离。

【隐藏】选项区域：通过选中【尺寸线1】或【尺寸线2】复选框，可以隐藏第1段或第2段尺寸线及其相应的箭头，相对应的系统变量分别为 Dimsd1 和 Dimsd2。

（2）设置尺寸界线。

在【尺寸界线】选项区域中可以设置尺寸界线的颜色、线宽、超出尺寸线的长度和起点偏移量，以及隐藏控制等属性，如下图所示。

【颜色】下拉列表框：用于设置尺寸界线的颜色。

【尺寸界线1的线型】下拉列表框：用于设置第一条尺寸界线的线型（Dimltext1 系统变量）。

【尺寸界线2的线型】下拉列表框：用于设置第二条尺寸界线的线型（Dimltext2 系统变量）。

【线宽】下拉列表框：用于设置尺寸界线的宽度。

【超出尺寸线】微调框：用于设置尺寸界线超出尺寸线的距离。

【起点偏移量】微调框：用于确定尺寸界线的实际起始点相对于指定尺寸界线起始点的偏移量。

【固定长度的尺寸界线】复选框：用于设置尺寸界线的固定长度。

【隐藏】选项区域：通过选中【尺寸界线1】或【尺寸界线2】复选框，可以隐藏第1段或第2段尺寸界线，相对应的系统变量分别为 Dimse1 和 Dimse2。

2.【符号和箭头】选项卡

在【符号和箭头】选项卡中可以设置箭头、圆心标记、弧长符号和半径折弯标注的格式和位置。

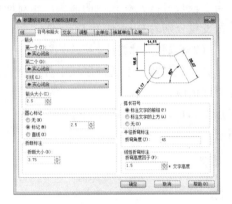

（1）设置箭头。

在【箭头】选项区域中可以设置标注箭头的外观。通常情况下，尺寸线的两个箭头应一致。

AutoCAD 提供了多种箭头样式，用户可以从对应的下拉列表框中选择箭头，并在【箭头大小】微调框中设置它们的大小（也可以使用变量 Dimasz 设置），用户也可以使用自定义的箭头。

（2）设置符号。

在【圆心标记】选项区域中可以设置直径标注和半径标注的圆心标记和中心线的外观。在建筑图形中，一般不创建圆心标记或中心线。

在【弧长符号】区域中可控制弧长标注中圆弧符号的显示。

【折断标注】选项区域：在【折断大小】微调框中可以设置折断标注的大小。

在【半径折弯标注】区域中控制折弯（Z字形）半径标注的显示。半径折弯标注通常在半径太大、中心点位于图幅外部时使用。

【折弯角度】用于连接半径标注的尺寸界线和尺寸线的横向直线的角度，一般为 45°。

【线性折弯标注】选项区域：在【折弯高度因子】的【文字高度】微调框中可以设置折弯因子的文字高度。

3.【文字】选项卡

在【文字】选项卡中可以设置标注文字的外观、位置和对齐方式。

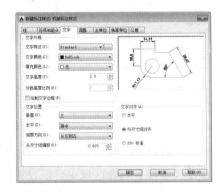

（1）设置文字外观。

在【文字外观】选项区域中可以设置文字的样式、颜色、高度和分数高度比例，以及控制是否绘制文字边框。

【文字样式】下拉列表框：用于选择标注的文字样式。

【文字颜色】和【填充颜色】下拉列表框：分别设置标注文字的颜色和标注文字背景的颜色。

【文字高度】微调框：用于设置标注文字的高度。但是如果选择的文字样式已经在【文字样式】对话框中设定了具体高度而不是 0，该选项不能用。

【分数高度比例】微调框：用于设置标注文字中的分数相对于其他标注文字的比例，AutoCAD 将该比例值与标注文字高度的乘积作为分数的高度。仅当在【主单位】选项卡中选择【分数】选项作为【单位格式】时，此选项才可用。

【绘制文字边框】复选框：设置是否给标注文字加边框。

（2）设置文字位置。

在【文字位置】选项区域中可以设置文字的垂直、水平位置及距尺寸线的偏移量。

【垂直】下拉列表框中包含【居中】【上】【外部】【JIS】和【下】5个选项，用于控制标注文字相对尺寸线的垂直位置。选择某项时，在【文字】选项卡的预览框中可以观察到尺寸文本的变化。

【水平】下拉列表框包含【居中】【第一条尺寸界线】【第二条尺寸界线】【第一条尺寸界线上方】【第二条尺寸界线上方】5个选项，用于设置标注文字相对于尺寸线和尺寸界线在水平方向的位置。

【观察方向】下拉列表框包含【从左到右】和【从右到左】两个选项，用于设置标注文字的观察方向。

【从尺寸线偏移】微调框是设置尺寸线断开时标注文字周围的距离；若不断开即为尺寸线与文字之间的距离。

（3）设置文字对齐。

在【文字对齐】选项区域中可以设置标注文字的放置方向。

【水平】单选按钮：标注文字水平放置。

【与尺寸线对齐】单选按钮：文字方向与尺寸线方向一致。

【ISO标准】单选按钮：标注文字按ISO标准放置，当标注文字在尺寸界线之内时，它的方向与尺寸线方向一致，而在尺寸界线外时将水平放置。

4.【调整】选项卡

在【调整】选项卡中可以设置标注文字、

尺寸线、尺寸箭头的位置。

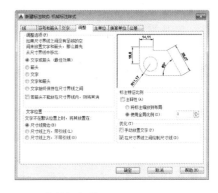

（1）调整选项。

在【调整选项】区域中可以确定当尺寸界线之间没有足够的空间同时放置标注文字和箭头时，应首先从尺寸界线之间移出的对象。

【文字或箭头（最佳效果）】单选按钮：按最佳布局将文字或箭头移动到尺寸界线外部。当尺寸界线间的距离仅能够容纳文字时，文字放在尺寸界线内，箭头放在尺寸界线外。当尺寸界线间的距离仅能够容纳箭头时，箭头放在尺寸界线内，文字放在尺寸界线外。当尺寸界线间的距离既不够放文字又不够放箭头时，文字和箭头都放在尺寸界线外。

【箭头】单选按钮：AutoCAD尽量将箭头放在尺寸界线内，否则，将文字和箭头都放在尺寸界线外。

【文字】单选按钮：AutoCAD尽量将文字放在尺寸界线内，箭头放在尺寸界线外。

【文字和箭头】单选按钮：当尺寸界线间距不足以放下文字和箭头时，文字和箭头都放在尺寸界线外。

【文字始终保持在尺寸界线之间】单选按钮：始终将文字放在尺寸界线之间。

【若箭头不能放在尺寸界线内，则将其消除】复选框：若尺寸界线内没有足够的空间，则隐藏箭头。

（2）文字位置。

在【文字位置】选项区域中用户可以设置标注文字从默认位置移动时，标注文字的位置。

【尺寸线旁边】单选按钮：将标注文字放在尺寸线旁边。

【尺寸线上方，带引线】单选按钮：将标注文字放在尺寸线的上方，并加上引线。

【尺寸线上方，不带引线】单选按钮：将文本放在尺寸线的上方，但不加引线。

（3）标注特征比例。

【标注特征比例】选项区域中可以设置全局标注比例值或图纸空间比例。

【使用全局比例】单选按钮：可以为所有标注样式设置一个比例，指定大小、距离或间距，包括文字和箭头大小，该值改变的仅仅是这些特征符号的大小并不改变标注的测量值。

【将标注缩放到布局】单选按钮：可以根据当前模型空间视口与图纸空间之间的缩放关系设置比例。

（4）优化。

在【优化】选项区域中可以对标注文本和尺寸线进行细微调整。

【手动放置文字】复选框：选择该复选框则忽略标注文字的水平设置，在标注时将标注文字放置在用户指定的位置。

【在尺寸界线之间绘制尺寸线】复选框：选择该复选框将始终在测量点之间绘制尺寸线，AutoCAD 将箭头放在测量点处。

5.【主单位】选项卡

在【主单位】选项卡中可以设置主单位的格式与精度等属性。

（1）线性标注。

在【线性标注】选项区域中可以设置线性标注的单位格式与精度。

【单位格式】下拉列表框：用来设置除角度标注之外的各标注类型的尺寸单位，包括【科学】【小数】【工程】【建筑】【分数】及【Windows 桌面】等选项。

【精度】下拉列表框：用来设置标注文字中的小数位数。

【分数格式】下拉列表框：用于设置分数的格式，包括【水平】【对角】和【非堆叠】3 种方式。当【单位格式】选择【建筑】或【分数】选项时，此选项才可用。

【小数分隔符】选项：用于设置小数的分隔符，包括【逗点】【句点】和【空格】3 种方式。

【舍入】微调框：用于设置除角度标注以外的尺寸测量值的舍入值，类似于数学中的四舍五入。

【前缀】和【后缀】文本框：用于设置标注文字的前缀和后缀，用户在相应的文本框中输入字符即可。

（2）测量单位比例。

【比例因子】微调框：设置测量尺寸的缩放比例，AutoCAD 的实际标注值为测量值与该比例的积。选中【仅应用到布局标注】复选框，可以设置该比例关系是否仅适应于布局。该值不应用到角度标注,也不应用到舍入值或正负公差值。

（3）消零。

【消零】选项区域用于设置是否显示尺寸标注中的前导和后续"0"。

【前导】复选框:选中该复选框,标注中前导"0"将不显示。例如,"0.5"将显示为".5"。

【后续】复选框:选中该复选框,标注中后续"0"将不显示。例如,"5.0"将显示为"5"。

（4）角度标注。

在【角度标注】选项区域中可以使用【单位格式】下拉列表框设置标注角度时的单位;使用【精度】下拉列表框设置标注角度的尺寸精度;使用【消零】选项区域设置是否消除角度尺寸的【前导】和【后续】。

6. 【换算单位】选项卡

在【换算单位】选项卡中可以设置换算单位的格式。

AutoCAD 中,通过换算标注单位,可以转换使用不同测量单位制的标注,通常是将英制标注换算成等效的公制标注,或者将公制标注换算成等效的英制标注。在标注文字中,换算标注单位显示在主单位旁边的方括号 [ ] 中。

选中【显示换算单位】复选框,对话框的其他选项才可用,用户可以在【换算单位】选项区域中设置换算单位中的各选项,方法与设置主单位的方法相同。

在【位置】选项区域中可以设置换算单位的位置,包括【主值后】和【主值下】两种方式。

7. 【公差】选项卡

【公差】选项卡用于设置是否标注公差,以及用何种方式进行标注。

【方式】下拉列表框:确定以何种方式标注公差,包括【无】【对称】【极限偏差】【极限尺寸】和【基本尺寸】选项。

【精度】下拉列表框:用于设置尺寸公差的精度。

【上偏差】【下偏差】微调框:用于设置尺寸的上下偏差,相应的系统变量分别为 Dimtp 及 Dimtm。

【高度比例】微调框:用于确定公差文字的高度比例因子。确定后,AutoCAD 将该比例因子与尺寸文字高度之积作为公差文字的高度,也可以使用变量 Dimtfac 设置。

【垂直位置】下拉列表框:用于控制公差文字相对于尺寸文字的位置,有【上】【中】【下】3 种方式。

【消零】选项区域:用于设置是否消除公差值的前导或后续"0"。

在【换算单位公差】选项区域中可以设置换算单位的精度和前导和后续是否消零。

> **提示：**
> 　　公差有两种，即尺寸公差和形位公差，尺寸公差指的是实际制作中尺寸上允许的误差。形位公差指的是形状和位置上的误差。
> 　　【标注样式管理器】对话框中设置的【公差】是尺寸公差，而且一旦设置了公差，那么在接下来的标注过程中，所有的标注值都将附加上这里设置的公差值。因此，实际工作中一般不采用【标注样式管理器】对话框中的公差设置，而是采用选择【特性】选项板中的公差选项来设置公差。
> 　　关于【形位公差】的有关介绍请参见本章后面相关的内容。

6.2 尺寸标注

　　尺寸标注的类型众多，包括线性标注、对齐标注、半径标注、直径标注、角度标注、基线标注、连续标注等类型，本节就逐一对这些标注类型进行介绍。

6.2.1 线性标注

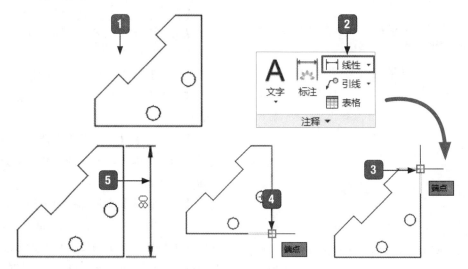

1️⃣ 打开"素材 \ch06\ 线性和对齐标注 .dwg"文件。

2️⃣ 单击【默认】选项卡→【注释】面板→【线性】按钮。

3️⃣ 指定第一点。

4️⃣ 指定第二点。

5️⃣ 拖动鼠标在合适的位置单击，即可进行线性标注。

6.2.2 对齐标注

 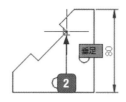 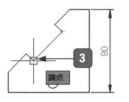 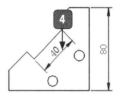

1 单击【默认】选项卡→【注释】面板→
【对齐】按钮。

2 指定第一点。

3 指定第二点。

4 拖动鼠标在合适的位置单击，即可进行对齐标注。

6.2.3 角度标注

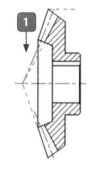 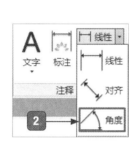 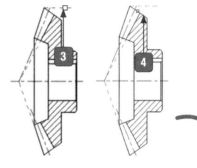

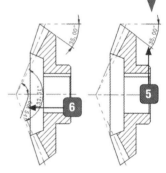

1 打开"素材\ch06\角度标注.dwg"文件。

2 单击【默认】选项卡→【注释】面板→【角度】按钮。

3 选择第一条直线。

4 选择第二条直线。

5 拖动鼠标在合适的位置单击，即可标注角度。

6 重复角度标注。

提示：

　　角度标注除了测量两条直线间的夹角外，还可以测量圆弧所包含的角度，或者圆上某两点之间的夹角。

6.2.4 弧长标注

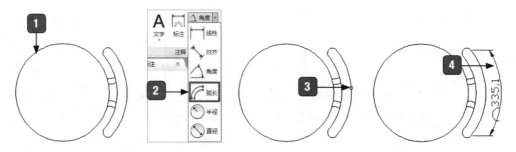

1 打开"素材\ch06\弧长标注.dwg"文件。

2 单击【默认】选项卡→【注释】面板→【弧长】按钮。

3 选择圆弧。

4 拖动鼠标在合适的位置单击,即可标注弧长。

小白:大神,弧长标注的弧长符号不是应该在标注值顶部吗?

大神:这个跟标注样式设置有关,AutoCAD 提供了 3 种弧长符号的标注样式,即标注文字前、标注文字上方及不显示弧长符号。

大神:如果设置为"上方"或"无",效果如下图所示。

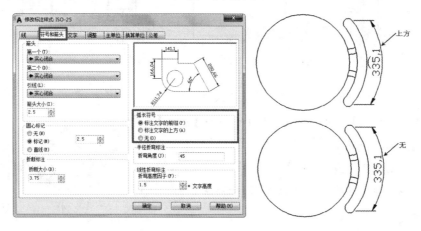

6.2.5 半径标注

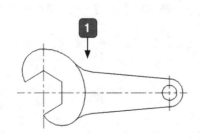

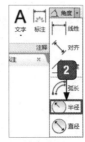

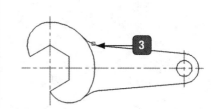

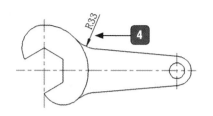 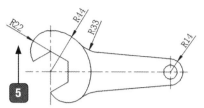

① 打开"素材\ch06\半径和直径标注.dwg"文件。

② 单击【默认】选项卡→【注释】面板→【半径】按钮。

③ 选择圆弧。

④ 拖动鼠标在合适的位置单击，即可标注半径。

⑤ 重复半径标注。

小白： 大神，半径标注的尺寸线能否不过圆心？

大神： 这个跟标注样式设置有关，当选中【在尺寸界线之间绘制尺寸线】复选框时，半径和直径的标注会过圆心，但取消选中【在尺寸界线之间绘制尺寸线】复选框时，则标注不过圆心。如果取消选中【在尺寸界线之间绘制尺寸线】复选框，效果如下图所示。

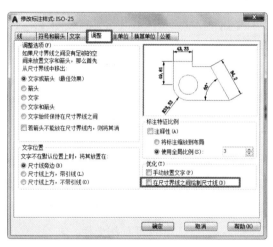 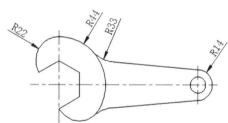

6.2.6 直径标注

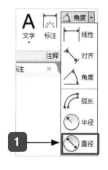 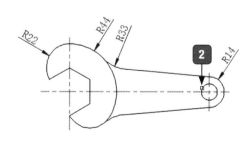

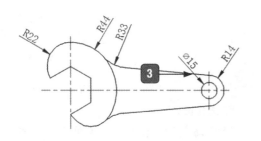

① 单击【默认】选项卡→【注释】面板→【直径】按钮。

② 选择圆。

③ 拖动鼠标在合适的位置单击，即可标注直径。

6.2.7 坐标标注

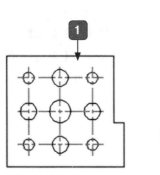

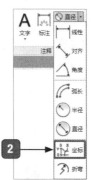

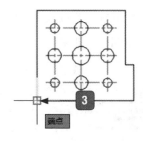

① 打开"素材\ch06\坐标标注.dwg"文件。

② 单击【默认】选项卡→【注释】面板→【坐标】按钮。

③ 指定坐标点。

④ 拖动鼠标在合适的位置单击，即可标注坐标。

⑤ 重复坐标标注。

小白： 大神，按照上面的标注方法，计算两个坐标之间的差时，非常复杂。

大神： 是的，所以很多时候把图形的某个定位点移动到和坐标原点重合，然后再进行坐标标注，标注完成后再将坐标系移开。

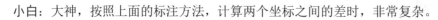

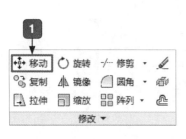

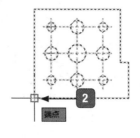

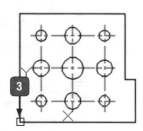

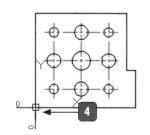 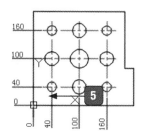 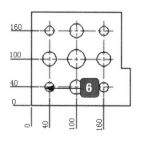

① 单击【默认】选项卡→【修改】面板→【移动】按钮。

② 捕捉基点。

③ 将原点作为目标点。

④ 调用坐标标注进行标注。

⑤ 标注后效果。

⑥ 将图形重新移开。

小白：这样标注后两个坐标之间的差值就非常好计算了，可是在用坐标标注时，每个标注都要调用一次命令，非常麻烦，有没有什么简便的方法，调用一次命令，可以连续标注？

大神：在命令行输入【MULTIPLE】命令，然后再输入要重复调用的命令，如坐标标注【DIMORDINATE（或 DOR）】，这样就可以重复进行坐标标注了，直到按【Esc】键退出命令为止。

```
命令: MULTIPLE
输入要重复的命令名: dor
指定点坐标:
```

6.2.8 折弯标注

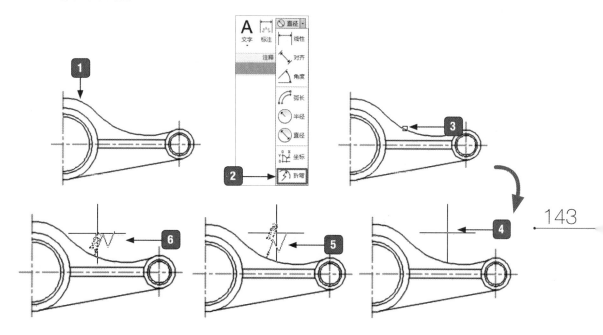

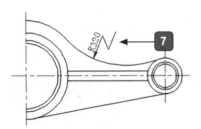

① 打开"素材\ch06\折弯标注.dwg"文件。

② 单击【默认】选项卡→【注释】面板→【折弯】按钮。

③ 选择对象。

④ 指定中心点。

⑤ 指定尺寸线的位置。

⑥ 指定折弯的位置。

⑦ 折弯标注后的效果。

6.2.9 折弯线性标注

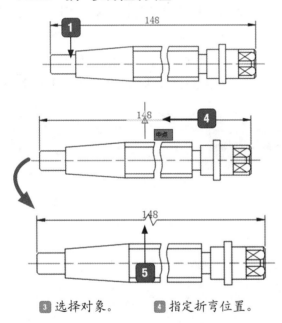

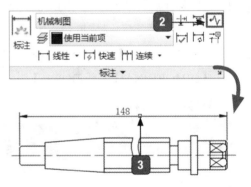

① 打开"素材\ch06\折弯线性标注.dwg"文件。

② 单击【注释】选项卡→【标注】面板→【折弯线性】按钮。

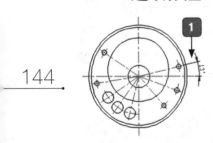

③ 选择对象。　④ 指定折弯位置。

⑤ 折弯线性标注后的效果。

6.2.10 连续标注

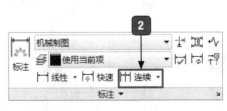

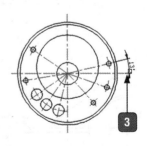

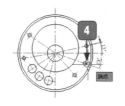

① 打开"素材\ch06\连续标注.dwg"文件。

② 单击【注释】选项卡→【标注】面板→【连续】按钮。

③ 选择连续标注对象。

④ 指定第二个尺寸界线原点。

⑤ 重复指定第二个尺寸界线原点进行连续标注。

6.2.11 基线标注

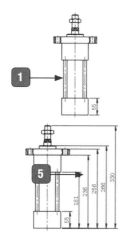
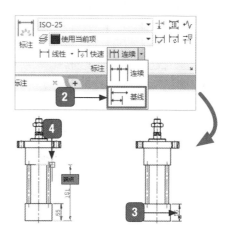

① 打开"素材\ch06\基线标注.dwg"文件。

② 单击【注释】选项卡→【标注】面板→【基线】按钮。

③ 选择对象。

④ 指定第二个尺寸界线原点。

⑤ 重复指定第二个尺寸界线原点进行基线标注。

> **提示:**
>
> 　　在创建连续标注和基线标注之前,首先要创建【线性标注】【坐标标注】或【角度标注】标注样式,作为连续标注和基线标注的基准。默认情况下,连续标注和基线标注的标注样式是从上一个标注或选定标注继承的。
>
> 　　默认情况下,使用基准标注的第一条尺寸界线作为连续标注和基线标注的尺寸界线原点。若要选择其他线性标注、坐标标注或角度标注用作连续标注和基线标注的基准,请按【Enter】键,然后重新选择基准。
>
> 　　如果对基线标注的基线间距不满意,可以使用【调整间距】命令,对间距进行调整。

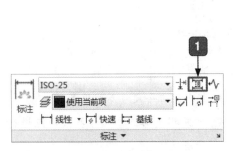

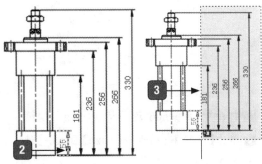

① 单击【注释】选项卡→【标注】
面板→【调整间距】按钮。

② 选择基准。

③ 选择要调整间距的标注。

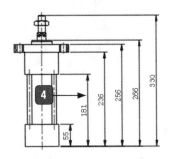

④ 输入新的间距值，即可看到调
整间距后的效果。

6.2.12 快速标注

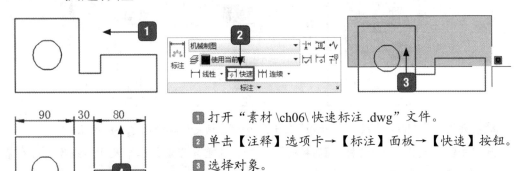

① 打开"素材\ch06\快速标注.dwg"文件。

② 单击【注释】选项卡→【标注】面板→【快速】按钮。

③ 选择对象。

④ 快速标注后的效果。

6.2.13 检验标注

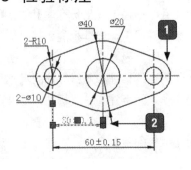

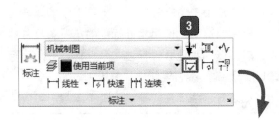

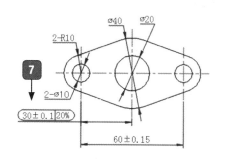

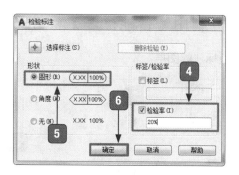

1️⃣ 打开"素材\ch06\折弯线性标注.dwg"文件。

2️⃣ 选择对象。

3️⃣ 单击【注释】选项卡→【标注】面板→【检验】按钮。

4️⃣ 在【检验标注】对话框中设置检验率。

5️⃣ 在【形状】选项区域中设置形状。

6️⃣ 单击【确定】按钮。

7️⃣ 检验标注后的效果。

6.2.14 圆心标记

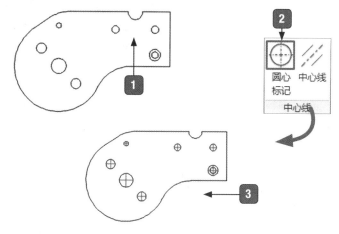

1️⃣ 打开"素材\ch06\圆心标记.dwg"文件。

2️⃣ 单击【注释】选项卡→【中心线】面板→【圆心标记】按钮。

3️⃣ 选择圆,即可看到圆心标记效果。

6.3 智能标注

dim命令可以理解为智能标注,几乎一个命令搞定日常的标注,非常实用。调用dim命令后,将光标悬停在标注对象上时,将自动预览要使用的合适标注类型。选择对象、线或点进行标注,然后单击绘图区域中的任意位置绘制标注。

6.3.1 利用【智能标注】标注方凳仰视图

1.切换标注的图层

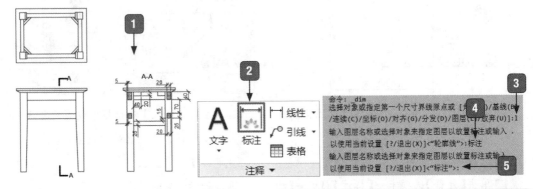

① 打开"素材\ch06\智能标注.dwg"文件。

② 单击【默认】选项卡→【注释】面板→

【标注】按钮。

③ 在命令行输入"1"。

④ 选择【标注】图层。

⑤ 按【Space】键确定。

> **提示:**
>
> 调用一次【智能标注】命令可以进行多种操作,切换图层后不退出命令直接开始标注,需要说明的是,本节所有标注都是在调用一次【智能标注】命令的情况下完成的。

2.线性标注

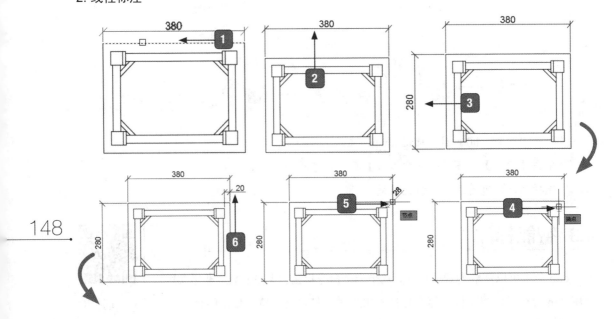

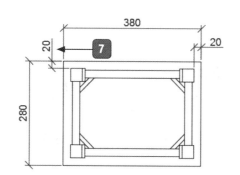

1 选择标注对象。

2 直接进行标注。

3 重复标注。

4 选择第一个尺寸界限原点。

5 选择第二个尺寸界限原点。

6 标注后效果。

7 重复标注。

小白：【智能标注】既可以直接选择对象，也可以像普通【线性】标注那样，通过选择尺寸界限原点进行标注？

大神：是的，当对象比较好选择时，直接选择对象更快捷，当对象不好选择时，可以通过选择尺寸界限原点进行标注。

3. 对齐和角度标注

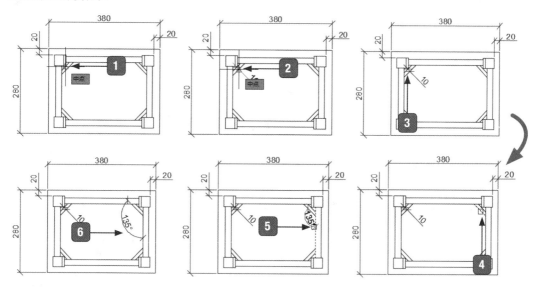

1 选择第一个尺寸界限原点。

2 选择第二个尺寸界限原点。

3 对齐标注后效果。

4 在命令行输入"a"，选择角度标注的第一条直线。

5 选择第二条直线。

6 角度标注后效果。

149

4.连续标注

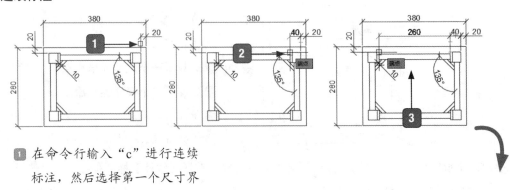

1️⃣ 在命令行输入"c"进行连续标注，然后选择第一个尺寸界限的原点。

2️⃣ 选择下一个尺寸界限原点。

3️⃣ 选择下一个尺寸界限原点。

4️⃣ 结果。

5️⃣ 重复连续标注后的效果。

5.设置分发距离

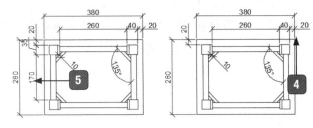

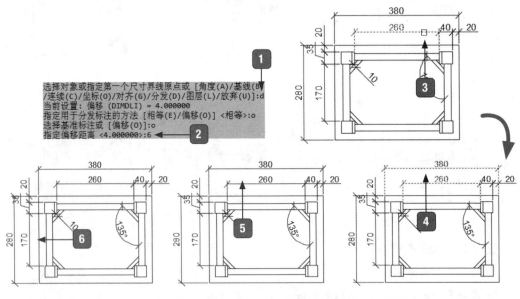

1️⃣ 在命令行输入"d"进行分发设置。

2️⃣ 设置新的【偏移距离】为"6"。

3️⃣ 选择【基准】标注。

4️⃣ 选择【分发】标注。

5️⃣ 分发距离后的效果。

6️⃣ 重复分发标注，选择【170】为【基准】标注，【280】为【分发】标注。

6.3.2 利用【智能标注】标注方凳主视图

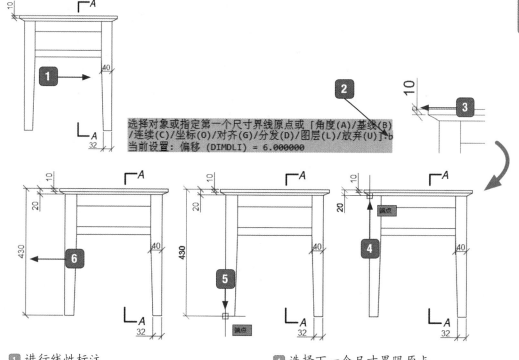

1. 进行线性标注。
2. 在命令行输入"b",进行【基线】标注。
3. 选择基线的第一个尺寸界限原点。
4. 选择下一个尺寸界限原点。
5. 选择下一个尺寸界限原点。
6. 标注后的效果。

6.3.3 利用【智能标注】调整方凳左视图

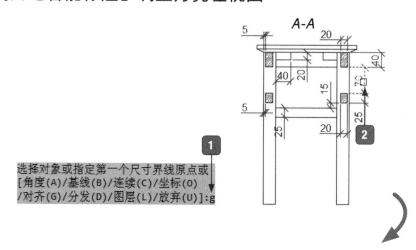

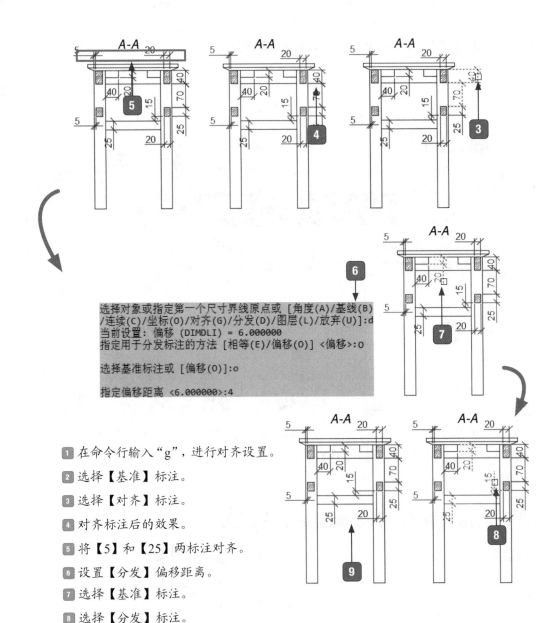

选择对象或指定第一个尺寸界线原点或 [角度(A)/基线(B)
/连续(C)/坐标(O)/对齐(G)/分发(D)/图层(L)/放弃(U)]:d
当前设置：偏移 (DIMDLI) = 6.000000
指定用于分发标注的方法 [相等(E)/偏移(O)] <偏移>:o

选择基准标注或 [偏移(O)]:o

指定偏移距离 <6.000000>:4

1 在命令行输入"g"，进行对齐设置。

2 选择【基准】标注。

3 选择【对齐】标注。

4 对齐标注后的效果。

5 将【5】和【25】两标注对齐。

6 设置【分发】偏移距离。

7 选择【基准】标注。

8 选择【分发】标注。

9 调整后的效果。

152   6.4 多重引线标注

引线对象包含一条引线和一条说明。多重引线对象可以包含多条引线，每
条引线可以包含一条或多条线段，因此，一条说明可以指向图形中的多个对象。

6.4.1 设置多重引线样式

1. 创建多重引线样式 1

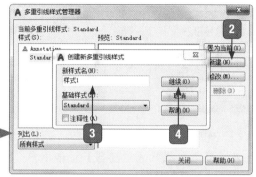

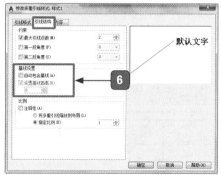

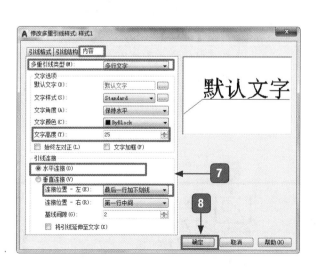

 单击【注释】选项卡→【引线】面板右下角的扩展按钮 ⬎。

▣ 在【多重引线样式管理器】对话框中单击【新建】按钮。

▣ 在【创建新多重引线样式】对话框中输入样式名称。

▣ 单击【继续】按钮。

▣ 在【箭头】选项区域将【符号】设置为"小点",将【大小】设置为【25】。

▣ 取消选中【自动包含基线】复选框。

▣ 在【内容】选项卡中进行设置。

▣ 单击【确定】按钮。

2. 创建多重引线样式 2

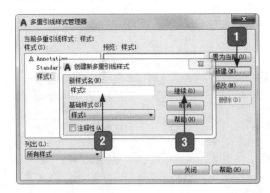

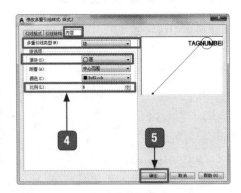

① 在【多重引线样式管理器】对话框中
　单击【新建】按钮。

② 在【创建新多重引线样式】对话框中
　输入样式名称。

③ 单击【继续】按钮。

④ 在【内容】选项卡中进行设置。

⑤ 单击【确定】按钮。

3. 创建多重引线样式 3

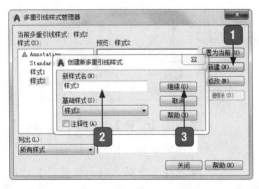

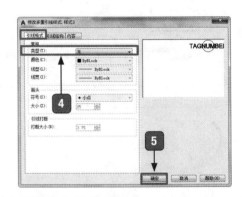

① 在【多重引线样式管理器】对话框中
　单击【新建】按钮。

② 在【创建新多重样式管理器】对话框
　中输入样式名称。

③ 单击【继续】按钮。

④ 在【引线格式】选项卡中进行设置。

⑤ 单击【确定】按钮。

6.4.2 创建多重引线

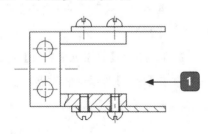

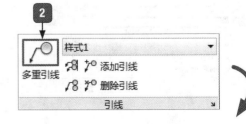

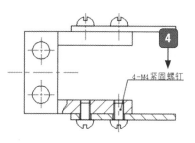

1 打开"素材\ch06\创建多重引线.dwg" 文件。

2 单击【注释】选项卡→【引线】面板→ 【多重引线】按钮。

3 选择对象。

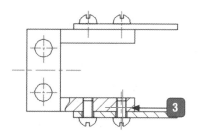

4 创建多重引线后的效果。

提示：

　　本例中的【多重引线】设置和6.4.1 节的【样式1】设置相似，只需将箭头符 号（点）和多行文字的大小改为"2.5"即可。

6.4.3 编辑多重引线

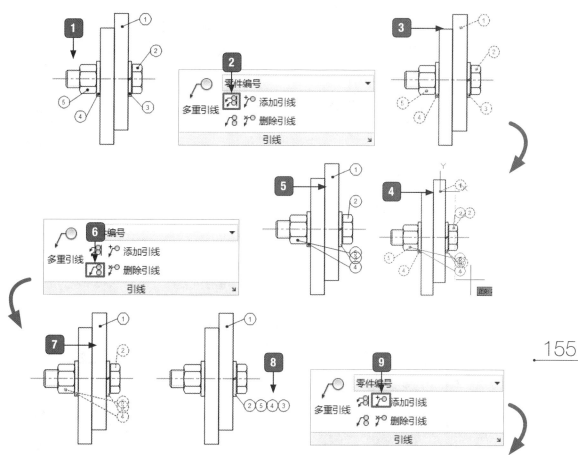

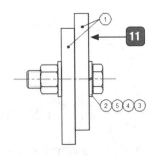
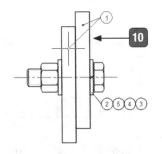

① 打开"素材\ch06\编辑多重引线.dwg"
文件。

② 单击【注释】选项卡→【引线】面板→
【对齐】按钮。

③ 选择对齐选项。

④ 选择【编号1】为要对齐到的引线。

⑤ 对齐引线后的效果。

⑥ 单击【注释】选项卡→【引线】面板→
【合并】按钮。

⑦ 选择合并对象。

⑧ 合并引线后的效果。

⑨ 单击【注释】选项卡→【引线】面板→
【添加引线】按钮。

⑩ 选择添加对象。

⑪ 添加引线后的效果。

> **提示：**
>   本例中的【多重引线】设置和 6.4.1
> 节的【样式 2】设置相同。

6.5 尺寸公差和形位公差

公差有三种，即尺寸公差、形状公差和位置公差，形状公差和位置公差统称为形位公差。

6.5.1 标注尺寸公差

1. 通过文字形式创建尺寸公差

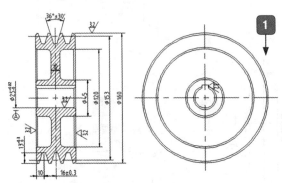
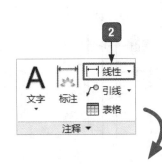

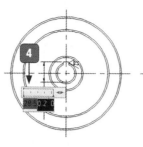

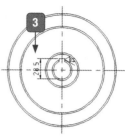

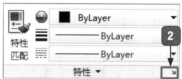

1 打开"素材\ch06\三角皮带轮.dwg"文件。

2 单击【默认】选项卡→【注释】面板→【线性】按钮。

3 进行线性标注。

4 双击标注的尺寸，输入"0.2^0"并选中。

5 单击【文字编辑】选项卡→【格式】面板→【堆叠】按钮。

6 通过文字创建尺寸公差效果。

2. 通过特性选项板创建尺寸公差

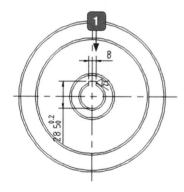

1 进行线性标注。

2 单击【默认】选项卡→【特性】面板右下角的扩展按钮。

3 在图形中单击刚创建的线性标注。

4 将【显示公差】设置为【对称】。

5 设置【公差下偏差】和【公差上偏差】的值。

6 调整【公差精度】的值。

7 通过特性选项板创建尺寸公差效果。

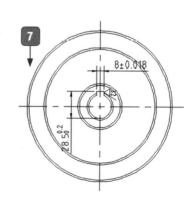

3. 通过标注样式创建尺寸公差

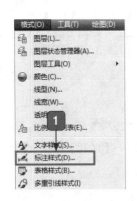

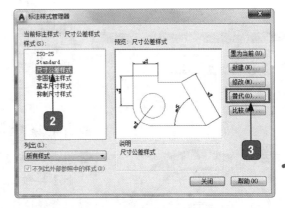

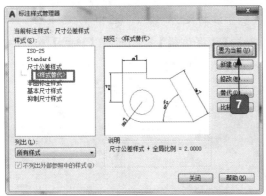

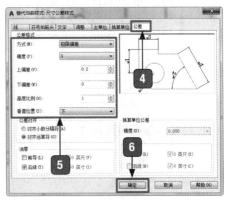

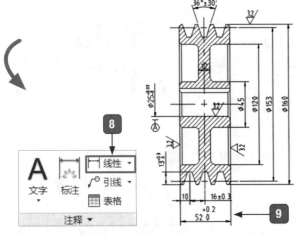

1 选择【格式】→【标注样式】
选项。

2 在【样式】列表框中选择【尺寸公差样式】选项。

3 单击【替代】按钮。

4 选择【公差】选项卡。

5 在【公差格式】选项区域中进行设置。

6 单击【确定】按钮。

7 单击【置为当前】按钮，然后单击【关闭】按钮。

8 单击【默认】选项卡→【注释】面板→【线性】按钮。

9 通过标注样式创建尺寸公差效果。

> **提示：**
>
> 　　标注样式中的公差一旦设定，在标注其他尺寸时也会被加上设置的公差，因此，为了避免其他尺寸在标注时受影响，在要添加公差的尺寸标注完成后及时切换至其他标注样式为当前样式。

6.5.2 标注形位公差

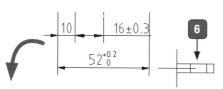

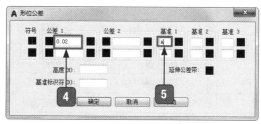

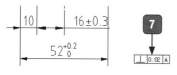

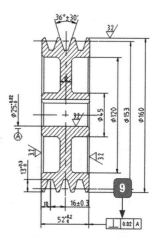

1️⃣ 单击【注释】选项卡→【标注】面板→【公差】按钮。

2️⃣ 单击【符号】下面的■图标。

3️⃣ 在【特征符号】选择框中选择形位公差符号。

4️⃣ 在【形位公差】对话框中输入公差值。

5️⃣ 选择基准符号。

6️⃣ 选择放置位置。

7️⃣ 基准符号放置后效果。

8️⃣ 单击【注释】选项卡→【引线】面板→【多重引线】按钮。

9️⃣ 标注形位公差效果。

> **提示：**
>
> 　　在创建【行为公差】之前，将【基本尺寸样式】设置为当前样式。

小白：大神，什么是【尺寸公差】？什么是【形位公差】？它们之间有什么区别？

大神：【尺寸公差】是指允许尺寸的变动量，即最大极限尺寸和最小极限尺寸的代数差的绝

对值。

　　【形位公差】实际上是【形状公差】和【位置公差】的总称，【形状公差】是指单一实际要素的形状所允许的变动全量，包括直线度、平面度、圆度、圆柱度、线轮廓度和面轮廓度。【位置公差】是指关联实际要素的位置对基准所允许的变动全量，它限制零件的两个或两个以上的点、线、面之间的相互位置关系，包括平行度、垂直度、倾斜度、同轴度、对称度、位置度、圆跳动和全跳动。

小白：哦，这么说我就明白两种公差之间的区别了。可是【形位公差】对话框的符号、公差、基准又是什么意思呢？

大神：关于【形位公差】对话框各选项的含义如下表所示。

选项	含义
符号	显示从【符号】对话框中选择的几何特征符号。单击【符号】下面的█图标后，弹出【特征符号】选择框，选择形位公差符号
公差1	创建特征控制框中的第一个公差值。公差值指明了几何特征相对于精确形状的允许偏差量。可在公差值前插入直径符号，在其后插入包容条件符号
公差2	在特征控制框中创建第二个公差值。以与第一个相同的方式指定第二个公差值
基准1	在特征控制框中创建第一级基准参照。基准参照由值和修饰符号组成。基准是理论上精确的几何参照，用于建立特征的公差带
基准2	在特征控制框中创建第二级基准参照，方式与创建第一级基准参照相同
基准3	在特征控制框中创建第三级基准参照，方式与创建第一级基准参照相同
高度	创建特征控制框中的投影公差零值。投影公差带控制固定垂直部分延伸区的高度变化，并以位置公差控制公差精度
延伸公差带	在延伸公差带值的后面插入延伸公差带符号
基准标识符	创建由参照字母组成的基准标识符。基准是理论上精确的几何参照，用于建立其他特征的位置和公差带。点、直线、平面、圆柱或其他几何图形都能作为基准

小白：【特征符号】选择框中各符号含义又是什么呢？

大神：【特征符号】选择框中各符号含义如下表所示。

位置公差		形状公差	
符号	含义	符号	含义
⊕	位置符号	⌭	圆柱度符号
◎	同轴（同心）度符号	▱	平面度符号
⯝	对称度符号	○	圆度符号
∥	平行度符号	—	直线度符号
⊥	垂直度符号	⌓	面轮廓度符号
∠	倾斜度符号	⌒	线轮廓度符号
↗	圆跳动符号		
⏐↗	全跳动符号		

6.6 综合实战——给蜗杆添加尺寸标注

蜗杆传动是由蜗杆和涡轮组成的,用于传递交错轴之间的运动和动力,通常两轴交错角为90°。在一般蜗杆传动中,都是以蜗杆为主动件。蜗杆是指具有一个或几个螺旋齿,并且与涡轮啮合而组成交错轴齿轮副的齿轮。蜗杆标注完成后如右图所示。

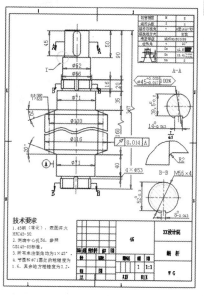

6.6.1 通过【智能标注】创建线性、基线、连续和角度等标注

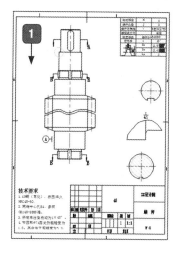

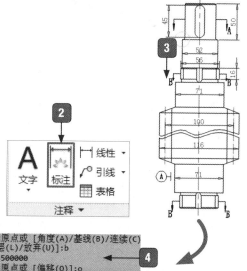

```
选择对象或指定第一个尺寸界线原点或 [角度(A)/基线(B)/连续(C)
/坐标(O)/对齐(G)/分发(D)/图层(L)/放弃(U)]:b
当前设置: 偏移 (DIMDLI) = 7.500000
指定作为基线的第一个尺寸界线原点或 [偏移(O)]:o
指定偏移距离 <7.500000>:45

指定作为基线的第一个尺寸界线原点或 [偏移(O)]:
指定第二个尺寸界线原点或 [选择(S)/偏移(O)/放弃(U)] <选择>:
标注文字 = 90
指定第二个尺寸界线原点或 [选择(S)/偏移(O)/放弃(U)] <选择>:
标注文字 = 287
指定第二个尺寸界线原点或 [选择(S)/偏移(O)/放弃(U)] <选择>:
```

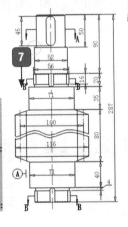

6

选择对象或指定第一个尺寸界线原点或 [角度(A)/基线(B)
/连续(C)/坐标(O)/对齐(G)/分发(D)/图层(L)/放弃(U)]:c
指定第一个尺寸界线原点或 [选择(S)/放弃(U)] <选择>:
标注文字 = 20
指定第二个尺寸界线原点或 [选择(S)/放弃(U)] <选择>:
标注文字 = 35
指定第二个尺寸界线原点或 [选择(S)/放弃(U)] <选择>:
标注文字 = 80
指定第二个尺寸界线原点或 [选择(S)/放弃(U)] <选择>:
标注文字 = 40
指定第二个尺寸界线原点或 [选择(S)/放弃(U)] <选择>:
标注文字 = 4
指定第二个尺寸界线原点或 [选择(S)/放弃(U)] <选择>:

8

选择对象或指定第一个尺寸界线原点或 [角度(A)/基线(B)/连续(C)
/坐标(O)/对齐(G)/分发(D)/图层(L)/放弃(U)]:a
选择圆弧、圆、直线或 [顶点(V)]:
选择直线以指定角度的第二条边:
指定角度标注位置或 [多行文字(M)/文字(T)/文字角度(N)/放弃(U)]:
选择对象或指定第一个尺寸界线原点或 [角度(A)/基线(B)/连续(C)
/坐标(O)/对齐(G)/分发(D)/图层(L)/放弃(U)]:a
选择圆弧、圆、直线或 [顶点(V)]:
选择直线以指定角度的第二条边:
指定角度标注位置或 [多行文字(M)/文字(T)/文字角度(N)/放弃(U)]:

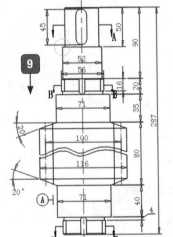

1. 打开"素材 \ch06\ 蜗杆 .dwg"文件。

2. 单击【默认】选项卡→【注释】面板→【标注】
   按钮。

3. 智能标注进行线性标注结果。

4. 设置【基线标注】的间距，并进行基线标注。

5. 基线标注结果。

6. 进行连续标注。

7. 连续标注结果。

8. 进行角度标注。

9. 角度标注结果。

6.6.2 添加多重引线标注

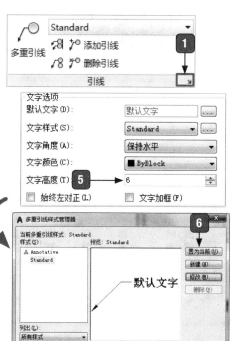

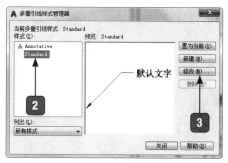

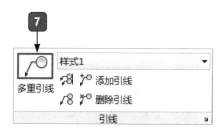

1. 单击【注释】选项卡→【引线】面板右下角的扩展按钮↘。

2. 在【样式】列表框中选择【Standard】样式。

3. 单击【修改】按钮。

4. 在【引线格式】选项卡下的【箭头】选项区域中将【大小】设置为【6】。

5. 在【内容】选项卡下将【文字高度】设置为【6】。

6. 在【多重引线样式管理器】对话框中单击【置为当前】按钮,然后单击【关闭】按钮。

7. 单击【注释】选项卡→【引线】面板→【多重引线】按钮。

8. 添加多重引线标注后的效果。

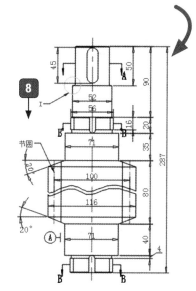

163

6.6.3 添加形位公差、折弯线性标注并添加直径符号

1. 添加形位公差

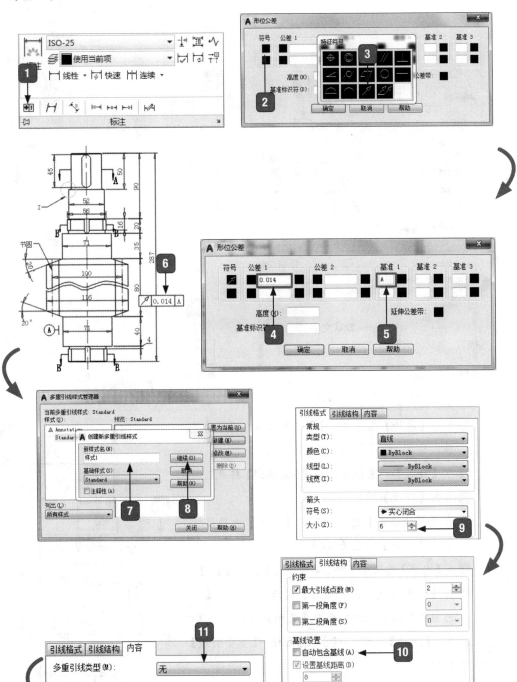

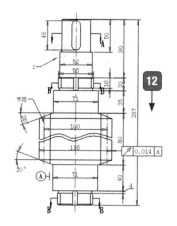

1 单击【注释】选项卡→【标注】面板→【公差】按钮。

2 单击【符号】下面的■图标。

3 在【特征符号】选择框中选择形位公差符号。

4 在【形位公差】对话框中输入公差值。

5 选择基准符号。

6 选择放置位置。

7 在【创建新多重引线样式】界面中,设置新样式名为【样式1】。

8 单击【继续】按钮。

9 在【箭头】选项区域中将【大小】设置为【6】。

10 取消选中【自动包含基线】复选框。

11 将【内容】选项卡下的【多重引线类型】设置为【无】。

12 将【样式1】设置为当前样式,然后调用【多重引线】命令,添加多重引线后的效果如图所示。

2. 添加折弯线性标注

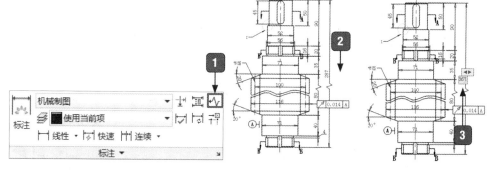

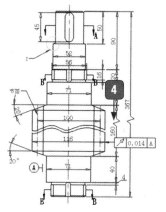

1 单击【注释】选项卡→【标注】面板→【折弯线性】按钮。

2 添加【折弯线性】标注后的效果。

3 双击尺寸【287】并选中,然后将其更改为【367】。

4 将尺寸【80】更改为【160】。

3. 添加直径符号

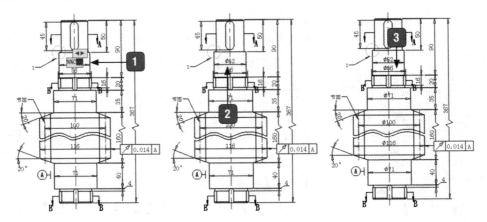

▣ 双击尺寸【52】并在其前面添加符号【%%C】。

▣ 添加直径符号后的效果。

▣ 重复添加直径符号后的效果。

6.6.4 给断面图添加标注

1. 添加线性标注和直径符号

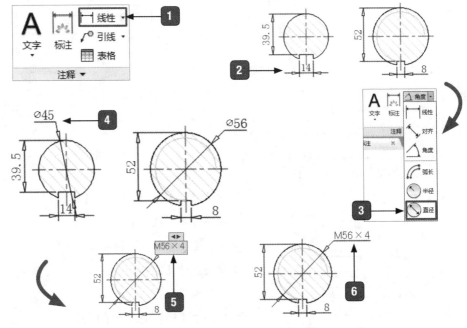

▣ 单击【默认】选项卡→【注释】面板→【线性】按钮。

▣ 进行线性标注。

③ 单击【默认】选项卡→【注释】面板→【直径】按钮。

④ 添加直径符号后的效果。

⑤ 双击尺寸【φ56】并将其更改为【M56×4】。

⑥ 修改尺寸后的效果。

2. 添加尺寸公差

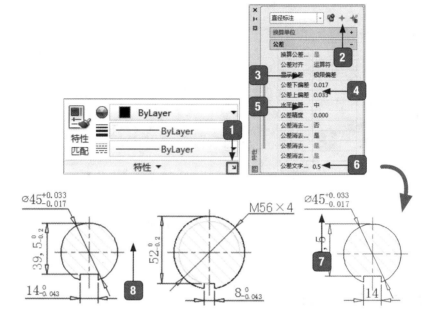

① 单击【默认】选项卡→【特性】面板右下角的扩展按钮 ↘。

② 单击【选择对象】按钮，选择【φ45】选项。

③ 将【显示公差】设置为【极限偏差】。

④ 设置【公差下偏差】和【公差上偏差】的值。

⑤ 设置放置位置和调整精度。

⑥ 设置文字高度。

⑦ 添加尺寸公差后的效果。

⑧ 继续其他公差标注后的效果。

3. 添加检验标注

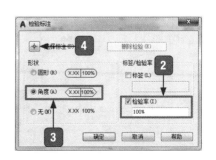

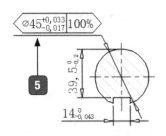

1. 单击【注释】选项卡→【标注】面板→【检验】按钮。

2. 在【检验标注】对话框中设置检验率。

3. 在【形状】选项区域中选中【角度】单选按钮。

4. 单击【选择标注】图标。

5. 选择【φ45】标注，即可看到添加检验标注后的效果。

4. 添加断面图标记符号

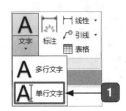

```
命令: TEXT
当前文字样式: "机械样板文字"  文字高度:
10.0000  注释性: 否  对正: 左
指定文字的起点 或 [对正(J)/样式(S)]:
指定高度 <10.0000>:
```

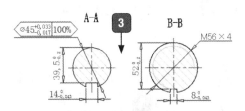

1. 单击【默认】选项卡→【注释】面板→【单行文字】按钮。

2. 单击鼠标，指定起点。

3. 添加断面图标记符号后的效果。

6.6.5 给放大图添加标注

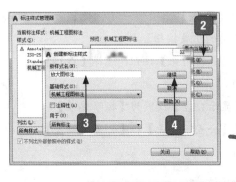

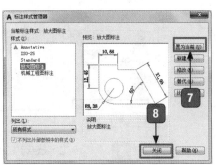

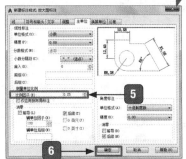

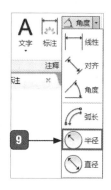

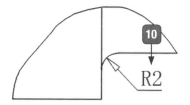

1. 选择【格式】菜单→【标注样式】选项。

2. 在【标注样式管理器】对话框中单击【新建】按钮。

3. 在【创建新标注样式】对话框中输入样式名称。

4. 单击【继续】按钮。

5. 在【主单位】选项卡的【测量单位比例】选项区域中将【比例因子】设置为【0.25】。

6. 单击【确定】按钮。

7. 在【标注样式管理器】对话框中单击【置为当前】按钮。

8. 单击【关闭】按钮。

9. 单击【默认】选项卡→【注释】面板→【半径】按钮。

10. 给放大图添加标注后的效果。

> **提示：**
>
> 　　放大图虽然放大了4倍，但是标注尺寸时，必须按实际尺寸标注。而标注显示的尺寸为实际测量的尺寸乘以测量单位的比例因子。因此，创建一个新的标注样式，将【主单位】选项卡下的【测量单位比例】更改为"0.25"即可。

痛点解析

痛点1：标注特征比例和测量单位比例的区别

小白：大神，在【标注样式管理器】中有两个比例，即标注特征比例和测量单位比例，这两个比例有什么区别？

大神：标注特征比例改变的是标注的箭头、起点偏移量、超出尺寸线及标注文字的高度等参数值。

　　测量单位比例改变的是标注的尺寸数值。例如，将测量单位改为2，那么当标注实际长度为5的时候，显示的数值为10。

痛点 2：如何修改尺寸标注的关联性

小白：大神，为什么我的图形大小变了，而标注的尺寸却不变呢？

大神：标注尺寸随不随图形变化，是由尺寸标注是否关联决定的。

小白：什么，尺寸标注关联是什么？

大神：尺寸标注是否关联有系统变量【DIMASO】控制。当"DIMASO=1"时尺寸标注"关联"，这也是 AutoCAD 的默认选项；当"DIMASO=0"时尺寸标注为"非关联"。

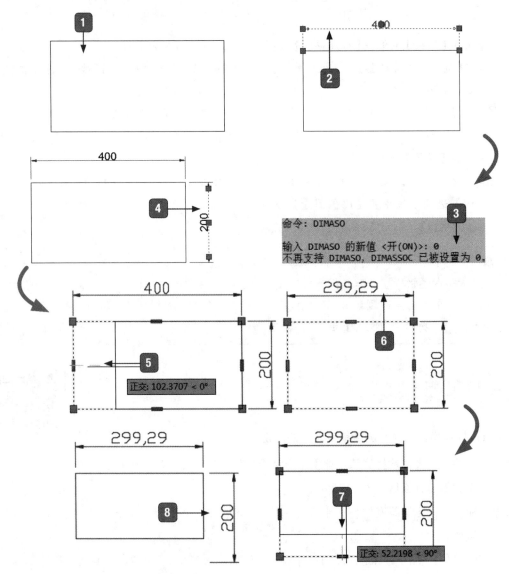

1 打开"素材 \ch06\ 编辑关联标注 .dwg"文件。

2 创建线性标注并选中，该标注是一个整体。

③ 设置关联系统变量的值。

④ 创建线性标注并选中，该标注不是一个整体。

⑤ 选中矩形并按住夹点进行拖动。

⑥ 拖动后关联标注显示效果。

⑦ 选中矩形并按住夹点进行拖动。

⑧ 拖动后非关联标注显示效果。

大神支招

问：对齐标注的水平竖直标注与线性标注的区别？

对齐标注也可以标注水平或竖直直线，但是当标注完成后，再重新调整标注位置时，往往得不到想要的结果。因此，在标注水平或竖直尺寸时最好使用线性标注。

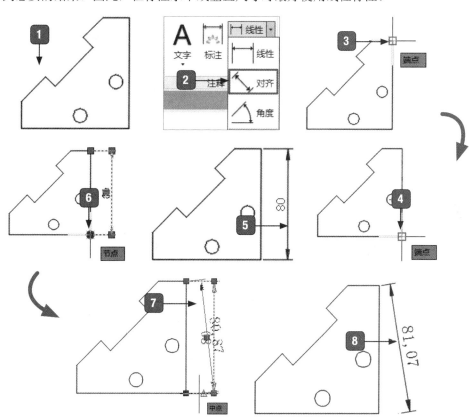

① 打开"素材\ch06\线性和对齐标注.dwg"文件。

② 单击【默认】选项卡→【注释】面板→【对

齐】按钮。

③ 指定第一点。

④ 指定第二点。

⑤ 拖动鼠标在合适的位置单击。　　　　　⑦ 拖动鼠标调整标注位置。

⑥ 选中尺寸并选择节点。　　　　　　　　⑧ 调整标注位置后的效果。

问：如何标注大于 180° 的角？

小白：大神，前面介绍的角度标注好像只能标注角度小于 180° 的对象，我想要标注大于 180° 的对象，如何标注？

大神：确实是这样的，如果要标注角度大于 180° 的对象，可按照下面的方法进行操作。

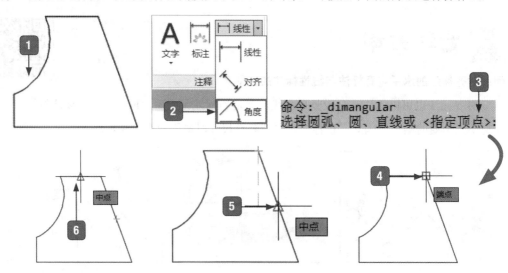

命令：_dimangular
选择圆弧、圆、直线或 <指定顶点>：

① 打开"素材 \ch06\ 标注大于 180° 的角 .dwg"文件。

② 单击【默认】选项卡→【注释】面板→【角度】按钮。

③ 按【Space】键，选择【指定顶点】选项。

④ 指定顶点。

⑤ 指定第一个端点。

⑥ 指定第二个端点。

⑦ 即可标注大于 180° 的角。

07

CHAPTER

第7章

>>> 如何创建内部块？

>>> 如何创建写块？

>>> 内部块和写块有什么区别？

>>> 如何创建带属性的块？

>>> 如何将块插入图形中？

这一章将告诉你 AutoCAD 2017 图块的应用技巧！

图块——给墙体添加门窗

7.1 创建内部块和写块

图块分为内部块和写块（即全局块），顾名思义，内部块只能在当前图形中使用，不能使用到其他图形中。写块不仅能在当前图形中使用，也可以使用到其他图形中。

7.1.1 创建内部块

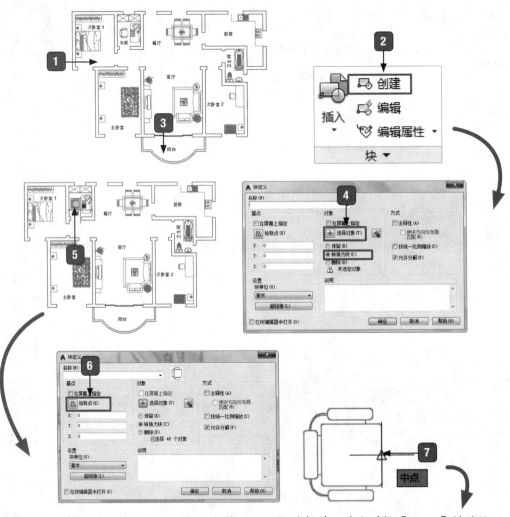

1. 打开"素材\ch07\四室两厅.dwg"文件。
2. 单击【默认】选项卡→【块】面板→【创建】按钮。
3. 拖动鼠标在合适的位置单击。
4. 在【块定义】对话框中单击【选择对象】按钮。
5. 选择单人沙发并按【Space】键确认。
6. 在【块定义】对话框中单击【拾取点】按钮。
7. 选择中点为拾取点。

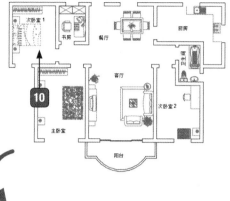

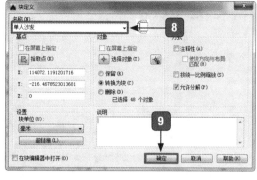

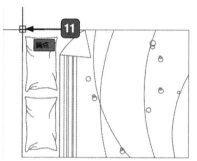

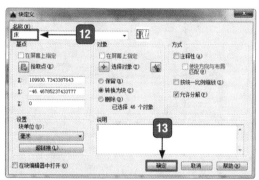

8 在【名称】文本框中输入块的名称。

9 单击【确定】按钮。

10 重复上述步骤，创建床图块。

11 选择端点为拾取点。

12 在【名称】文本框中输入块的名称。

13 单击【确定】按钮。

【块定义】对话框各选项的含义如下表所示。

选项	含义
名称	指定块的名称。名称最多可以包含 255 个字符，包括字母、数字、空格，以及操作系统或程序未作他用的任何特殊字符
基点	指定块的插入基点，默认值是 (0,0,0)。用户可以选中【在屏幕上指定】复选框，也可单击【拾取点】按钮，在绘图区单击指定
对象	指定新块中要包含的对象，以及创建块之后如何处理这些对象，如是保留还是删除选定的对象，或者是将它们转换为块实例 保留：选择该项，图块创建完成后，原图形仍保留原来的属性 转换为块：选择该项，图块创建完成后，原图形将转换为图块的形式存在 删除：选择该项，图块创建完成后，原图形将自动删除
方式	指定块的方式。在该区域中可指定块参照是否可以被分解和是否阻止块参照不按统一比例缩放。如果选中【允许分解】复选框，当创建的图块插入到图形后，可以通过【分解】命令进行分解，如果没选中该复选框，则创建的图块插入到图形后，不能通过【分解】命令进行分解
设置	指定块的设置。在该区域中可指定块参照插入单位等

7.1.2 创建写块

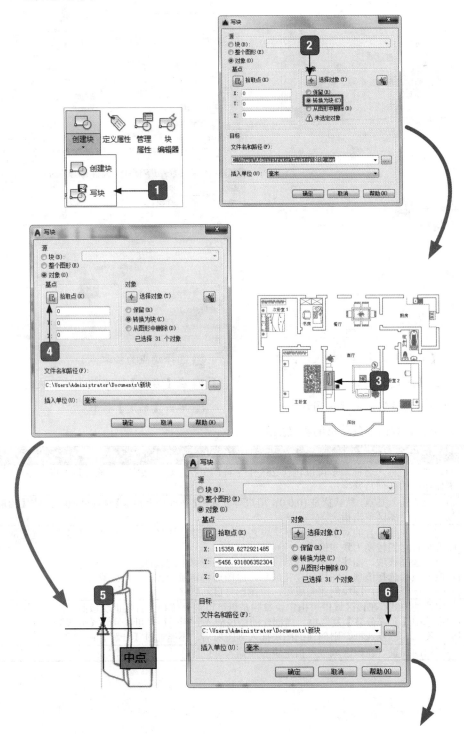

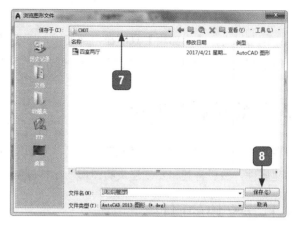

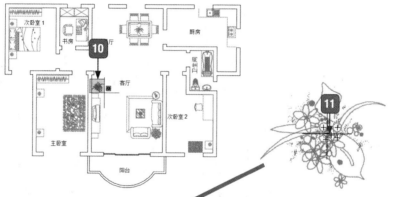

1️⃣ 单击【插入】选项卡→【块定义】面板→【写块】按钮。

2️⃣ 在【写块】对话框中单击【选择对象】按钮。

3️⃣ 选择【电视机】并按【Space】键确认。

4️⃣ 在【写块】对话框中单击【拾取点】按钮。

5️⃣ 选择【中点】为拾取点。

6️⃣ 单击该按钮。

7️⃣ 在【浏览图形文件】窗口中选择保存路径。

8️⃣ 单击【保存】按钮。

9️⃣ 返回【写块】对话框，单击【确定】按钮，即可完成写块创建。

🔟 重复上述步骤，选择【植物】为要创建的写块对象。

1️⃣1️⃣ 选择拾取点。

1️⃣2️⃣ 单击此按钮，选择保存路径。

1️⃣3️⃣ 单击【确定】按钮。

小白：【内部块】和【写块】到底有什么区别？

大神：顾名思义，【内部块】只能在内部使用，而【写块】又称为【全局块】，它是以图形的形式保存创建的块，不仅可以插入创建【写块】的当前图形，还可以插入其他图形中。

7.2 创建带属性的块

带属性的块顾名思义就是"属性＋块"，因此带属性的块的创建过程就是先创建属性，然后将其和要创建块的图形一起打包创建成图块即可。

7.2.1 定义块的属性

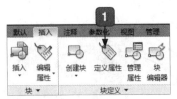
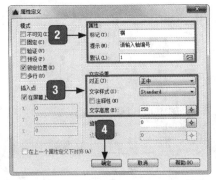

1️⃣ 单击【插入】选项卡→【块定义】面板→【定义属性】按钮。

2️⃣ 在【属性定义】对话框中设置属性。

3️⃣ 在【属性定义】对话框中进行文字设置。

4️⃣ 单击【确定】按钮。

5️⃣ 在空白处单击插入属性块。

7.2.2 创建带属性的块

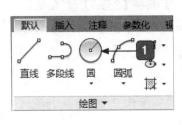
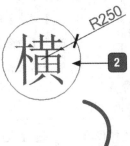

1️⃣ 单击【默认】选项卡→【绘图】面板→【圆心，半径】按钮。

2️⃣ 绘制半径为"250"的圆，并将"横"放置在圆心处。

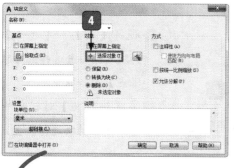

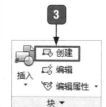

3 单击【默认】选项卡→【块】
面板→【创建】按钮。

4 在【块定义】对话框中单
击【选择对象】按钮。

5 选择【图形】和【属性】为块对象。

6 单击【拾取点】按钮。

7 选择此【象限点】为拾取点。

8 在【块定义】对话框中输入带属
性块的名称。

9 单击【确定】按钮。

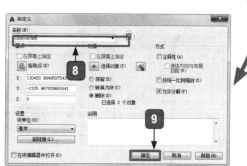

提示:

参考 7.2.1 和 7.2.2 节内容,创建另一个带属性的块。

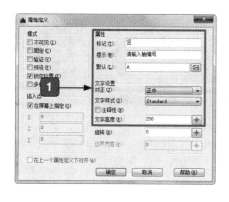

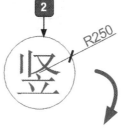

179

1 在【属性定义】对话框中
定义属性。

2 创建图形,并将属性放置
在圆心处。

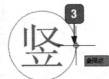

③ 选择【圆】和【属性】
为块对象，并选择此【象
限点】为拾取点。

④ 在【块定义】对话框中
对带属性的块进行设置。

7.3 插入块

图块主要是通过【插入】对话框将其插入图形当中，下面通过【插入】对
话框将内部块、写块和带属性的块插入图形当中。

7.3.1 插入内部块

1. 插入单人沙发

① 单击【默认】选项卡→【图层】面板→
【图层】下拉按钮，在弹出的下拉菜
单中选择【0】图层。

② 单击【默认】选项卡→【块】面板→【插
入】下拉按钮，在弹出的下拉列表中
选择【单人沙发】选项。

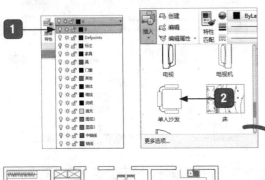

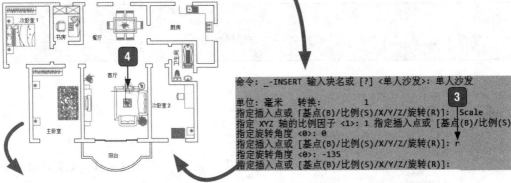

③ 在命令行输入"r"，设定旋转角度。

④ 指定插入点。

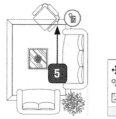

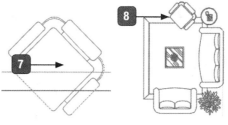

⑤ 插入【单人沙发】后的效果。

⑥ 单击【默认】选项卡→【修改】面板→【修剪】按钮。

⑦ 选择剪切边。

⑧ 剪切后效果如图所示。

2. 插入床

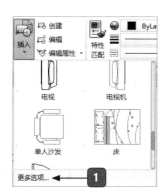

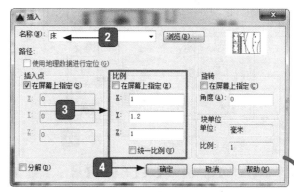

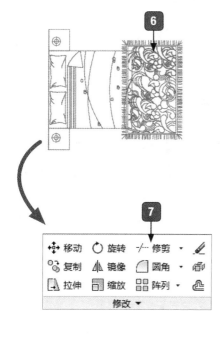

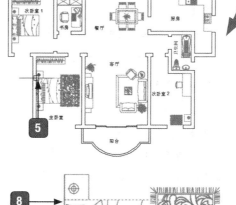

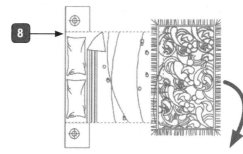

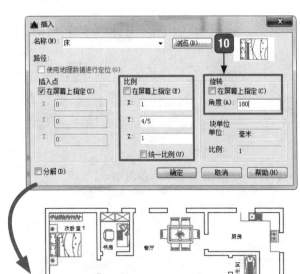

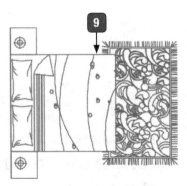

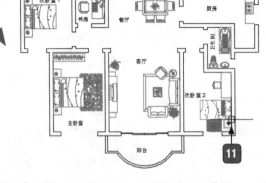

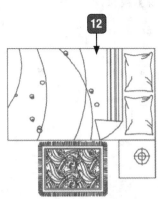

1️⃣ 单击【默认】选项卡→【块】面板→【插入】下拉按钮，在弹出的下拉列表中选择【更多选项】选项。

2️⃣ 在【名称】下拉列表中选择【床】选项。

3️⃣ 在【插入】对话框中设置比例。

4️⃣ 单击【确定】按钮。

5️⃣ 选择插入点。

6️⃣ 插入【床】后的效果。

7️⃣ 单击【默认】选项卡→【修改】面板→【修剪】按钮。

8️⃣ 选择剪切边。

9️⃣ 剪切后效果。

🔟 重复插入【床】，并在【插入】对话框中设置比例和旋转角度。

1️⃣1️⃣ 选择插入点。

1️⃣2️⃣ 重复插入【床】后的效果。

插入的块除了适用于普通修改命令编辑外，还可以通过【块编辑器】对插入的块内部对象进行编辑，而且只要修改一个块，与该块相关的块也随着修改。例如，本例中将任何一处的【床】图块中的枕头删除一个，其他两个【床】图块中的枕头也将删除一个。通过【块编辑器】编辑图块的操作步骤如下。

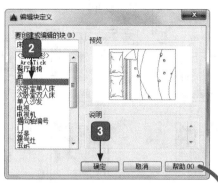

1 单击【默认】选项卡→【块】
面板→【编辑】按钮。

2 在【要创建或编辑的块】
列表框中选择【床】选项。

3 单击【确定】按钮。

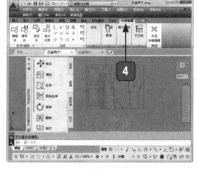

4 自动生成【块编辑器】选项卡。

5 选择【枕头】图块,并将其
删除。

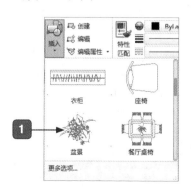

6 单击【块编辑器】选项卡→【打
开/保存】面板→【保存块】按钮,
然后单击【关闭编辑块】按钮,
即可看到其他床上也删除了一个
枕头。

7.3.2 插入写块

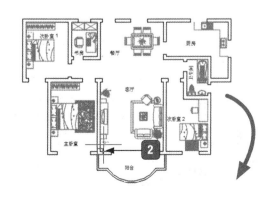

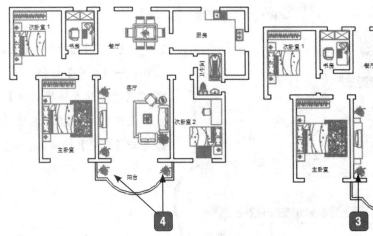

1 单击【默认】选项卡→【块】面板→【插入】下拉按钮，在弹出的下拉列表中选择【盆景】选项。

2 指定插入点。

3 插入【盆景】后的效果。

4 重复插入盆景后的效果。

小白：【写块】插入当前图形中的方法和【内部块】的插入方法相同，那么【写块】怎么插入到其他图形呢？

大神：【写块】插入其他图形的方法与插入【内部块】的方法相同，所不同的是【写块】插入的是一个图形文件。

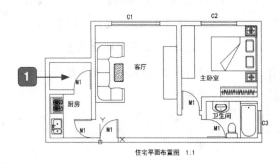

住宅平面布置图 1:1

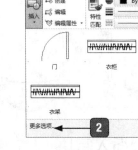

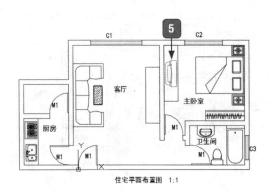

住宅平面布置图 1:1

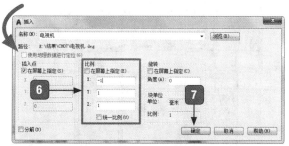

提示:

当指定 X 轴的一个负比例因子时,块围绕 Y 轴作镜像;当指定 Y 轴的一个负比例因子,块围绕 X 轴作镜像。

1 打开"素材\ch07\一室一厅.dwg"文件。

2 单击【默认】选项卡→【块】面板→【插入】下拉按钮,在弹出的下拉列表中选择【更多选项】选项。

3 在【插入】对话框中单击【浏览】按钮。

4 在【插入范围】下拉列表框中选择【电视机】图块。

5 插入【电视机】图块后的效果。

6 重复【插入】命令,在【插入】对话框中设置比例。

7 单击【确定】按钮。

8 多次插入【电视机】图块后的效果。

7.3.3 插入带属性的块

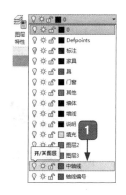

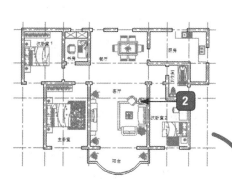

1 单击【默认】选项卡→【图层】面板→【图层】下拉按钮,在弹出的下拉列表中单击【中轴线】层前的图标,将该图层打开。

2 打开后的效果。

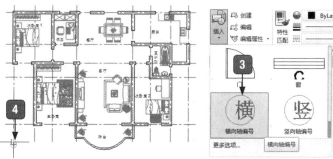

3 单击【默认】选项卡→【块】面板→【插入】下拉按钮,在弹出的下拉列表中选择【横向轴编号】选项。

4 指定插入点。

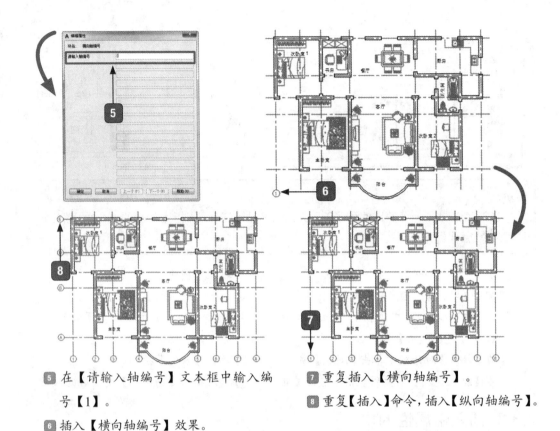

5 在【请输入轴编号】文本框中输入编号【1】。

6 插入【横向轴编号】效果。

7 重复插入【横向轴编号】。

8 重复【插入】命令，插入【纵向轴编号】。

> **提示：**
> 如果对插入的块不满意，双击该块可以对块的属性进行修改。

7.4 综合实战——给墙体添加门窗

给墙体添加门窗，首先创建带属性的门、窗图块，然后将带属性的门、窗图块插入到图形中相应的位置即可。墙体添加门窗后如下图所示。

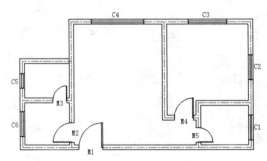

7.4.1 创建带属性的门图块

1. 绘制图块图形

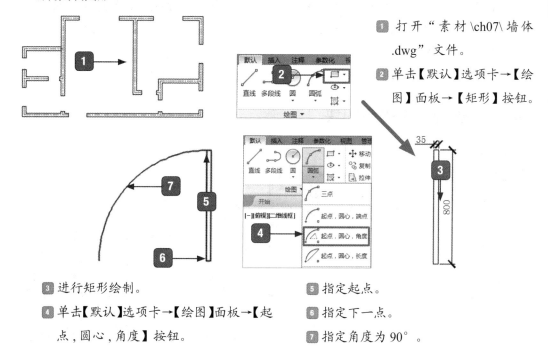

1 打开"素材\ch07\墙体.dwg"文件。

2 单击【默认】选项卡→【绘图】面板→【矩形】按钮。

3 进行矩形绘制。

4 单击【默认】选项卡→【绘图】面板→【起点，圆心，角度】按钮。

5 指定起点。

6 指定下一点。

7 指定角度为 90°。

2. 创建带属性的块

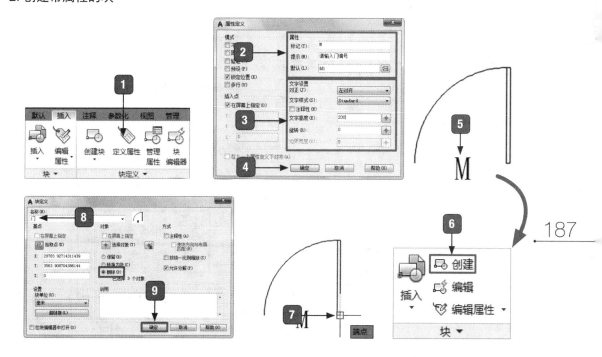

1 单击【插入】选项卡→【块定义】面板→【定义属性】按钮。

2 在【属性定义】对话框中设置属性。

3 在【属性定义】对话框中设置文字。

4 单击【确定】按钮。

5 将编号放到合适的位置。

6 单击【默认】选项卡→【块】面板→【创建】按钮。

7 选择【图形】和【属性】为创建块的对象，并选择此端点为【拾取点】。

8 在【块定义】对话框中输入块的名称。

9 单击【确定】按钮。

7.4.2 创建带属性的窗图块

1. 绘制图块图形

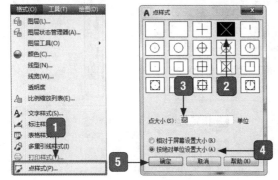
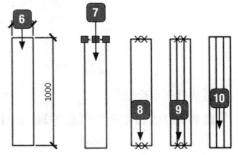

1 选择【格式】菜单→【点样式】选项。

2 在【点样式】对话框中选择点样式。

3 设置点大小。

4 选中【按绝对单位设置大小】单选按钮。

5 单击【确定】按钮。

6 绘制矩形。

7 将矩形分解。

8 将短边三等分。

9 连接等分点绘制直线。

10 删除等分点。

2. 创建带属性的块

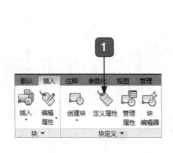
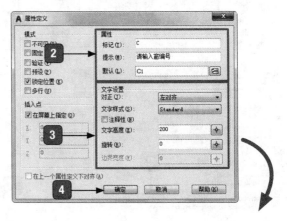

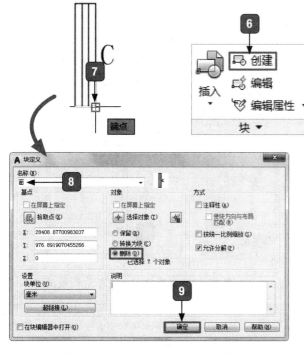

1. 单击【插入】选项卡→【块定义】面板→【定义属性】按钮。

2. 在【属性定义】对话框中设置属性。

3. 在【属性定义】对话框中设置文字。

4. 单击【确定】按钮。

5. 将编号放到合适的位置。

6. 单击【默认】选项卡→【块】面板→【创建】按钮。

7. 选择【图形】和【属性】为创建块的对象，并选择此端点为【拾取点】。

8. 在【块定义】对话框中输入块的名称。

9. 单击【确定】按钮。

7.4.3 插入图块

1. 插入门图块

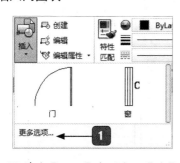

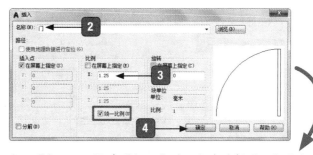

1. 单击【默认】选项卡→【块】面板→【插入】下拉按钮，在弹出的下拉列表中选择【更多选项】选项。

2. 在【插入】对话框中选择【门】图块。

3. 设置 X 轴的比例为【1.25】。

4. 单击【确定】按钮。

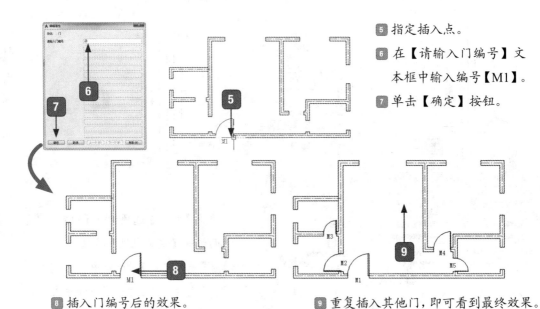

⑤ 指定插入点。

⑥ 在【请输入门编号】文本框中输入编号【M1】。

⑦ 单击【确定】按钮。

⑧ 插入门编号后的效果。

⑨ 重复插入其他门，即可看到最终效果。

提示：

　　M2~M5 的比例和角度如下。

　　M2：$X=-1$，$Y=1$，角度为 90°；M3：$X=Y=0.75$，角度为 0°；M4：$X=Y=1$，角度为 0°；M5：$X=Y=0.75$，角度为 270°。

2. 插入窗图块

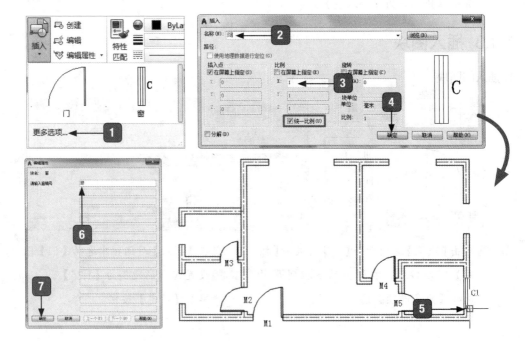

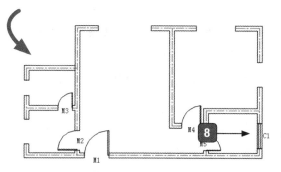

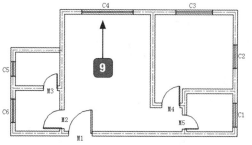

1️⃣ 单击【默认】选项卡→【块】面板→【插入】下拉按钮，在弹出的下拉列表中选择【更多选项】选项。

2️⃣ 在【插入】对话框中选择【窗】图块。

3️⃣ 设置X轴的比例为【1】。

4️⃣ 单击【确定】按钮。

5️⃣ 指定插入点。

6️⃣ 在【请输入编号】文本框中输入编号【C1】。

7️⃣ 单击【确定】按钮。

8️⃣ 插入编号后的效果。

9️⃣ 重复插入其他窗，即可看到最终效果。

提示：

C2~C6 的比例和角度如下。

C2: $X=Y=1$，角度为 0°；C3: $X=1$，$Y=1.6$，角度为 90°；C4: $X=1$，$Y=2.2$，角度为 90°；C5: $X=1$，$Y=0.6$，角度为 180°；C6: $X=Y=1$，角度为 180°。

痛点解析

痛点1：以图块的形式打开无法修复的文件

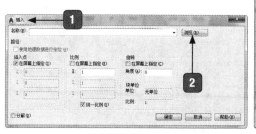

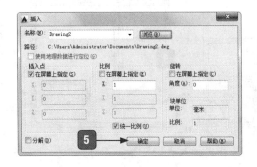

1 新建一个图形文件，并打开【插入】对话框。

2 单击【浏览】按钮。

3 在【选择图形文件】对话框中选择需要修复的文件。

4 单击【打开】按钮。

5 返回【插入】对话框，单击【确定】按钮，然后按命令行提示完成操作即可。

痛点2：自定义动态块

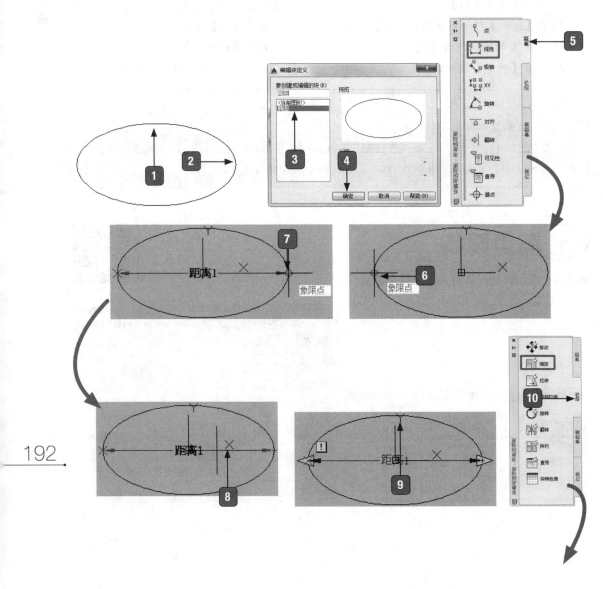

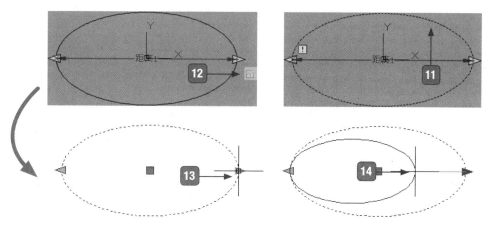

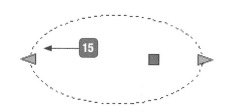

1 打开"素材\ch07\自定义动态块.dwg"文件。

2 双击椭圆图形。

3 在【要创建或编辑的块】列表框中选择【椭圆】选项。

4 单击【确定】按钮。

5 在【块编写选项板 - 所有选项板】窗口中选择【参数】→【线性】选项。

6 捕捉象限点。

7 拖动鼠标捕捉另一个象限点。

8 指定标签位置。

9 动态块绘制效果。

10 在【块编写选项板 - 所有选项板】窗口中选择【动作】→【缩放】选项。

11 选择【距离 1】和【椭圆】选项。

12 动态块缩放效果。

13 单击【保存块】按钮，然后单击【关闭块编辑器】按钮，即可看到编辑的动态块效果。

14 拖动鼠标缩放椭圆的大小。

15 自定义动态块最终效果。

大神支招

1. 利用【Ctrl+C】组合键创建块

用户还可以通过【Ctrl+C】组合键创建块，通过【Ctrl+C】组合键创建的块具有全局块的作用，既可以放置（粘贴）在当前图形，也可以放置（粘贴）在其他图形中。

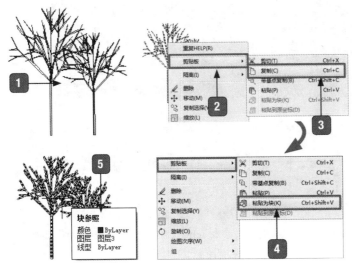

1 打开"素材\ch07\复制块"文件。

2 选择图形对象并右击。

3 在弹出的快捷菜单中选择【剪贴板】→【复制】命令。

4 在目标位置右击，在弹出的快捷菜单中选择【剪贴板】→【粘贴为块】命令。

5 将鼠标指针放置到复制的图形上，显示为【块参照】。

2. 利用【工具选项板】插入图块

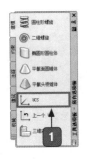

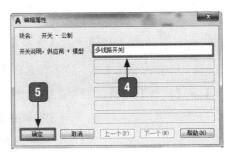

1 按【Ctrl+3】组合键，打开【工具选项板 - 所有选项板】窗口。

2 选择【机械】选项卡。

3 单击【开关 - 公制】图块，选中并将其拖动到绘图区域中。

4 在【编辑属性】对话框中输入说明。

5 单击【确定】按钮。

6 插入【开关 - 公制】图块后的效果。

第 **8** 章

图层——创建机箱外壳装配图图层

>>> 如何通过特性选项板创建图层？

>>> 如何进行图层的状态控制？

>>> 如何快速切换、改变图层？

>>> 如何删除顽固图层？

>>> 如何在同一图层上显示不同的线型、线宽和
颜色？

这一章将告诉你 AutoCAD 2017 图层的应用
技巧！

8.1 通过【图层特性管理器】创建和更改图层特性

图层特性管理器可以显示图形中的图层列表及其特性，可以添加、删除和重命名图层，还可以更改图层特性、设置布局视口的特性替代或添加说明等。

8.1.1 创建图层

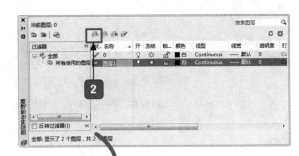

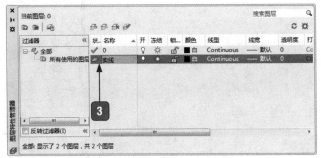

1 单击【默认】选项卡→【图层】面板→【图层特性】按钮。

2 在【图层特性管理器】窗口中单击【新建图层】按钮。

3 修改图层名称。

小白：【图层特性管理器】窗口中什么时候建立的【0】图层？

大神：AutoCAD 中的新建图形均包含一个名称为"0"的图层，该图层无法进行删除或重命名。AutoCAD 不仅会自动建立【0】图层，很多时候还会自动创建【DEFPOINTS】图层，该图层是第一个标注图形中自动创建的图层。由于此图层包含有关尺寸标注，因此不应删除该图层，否则该尺寸标注图形中的数据可能会受到影响。在【DEFPOINTS】图层上的对象能显示但不能打印。

小白：【图层特性管理器】窗口顶部有 4 个按钮，第一个是新建图层，其他 3 个是什么意思？

大神：这 4 个按钮依次为【新建图层】【在所有视口中都被冻结的新图层】【删除图层】和【置为当前图层】，关于这 4 个图层的含义解释如下。

【新建图层】：创建新的图层，新图层将继承图层列表中当前选定图层的特性。AutoCAD 会默认将新建的图层依次以【图层 1】【图层 2】【图层 3】……进行命名，选中图层后单击图层的名称，可以对名称进行修改。

【在所有视口中都被冻结的新图层】：创建图层，然后在所有布局视口中将其冻结。

可以在【模型】选项卡或【布局】选项卡上访问此按钮。

【删除图层】：删除选定的图层，但无法删除【0】图层、【DEFPOINTS】图层、包含对象（包括块定义中的对象）的图层、当前图层和在外部参照中使用的图层，以及局部已打开的图形中的图层。

【置为当前】：将选定图层设定为当前图层，然后再绘制的图形将是该图层上的对象。

8.1.2 更改图层的颜色

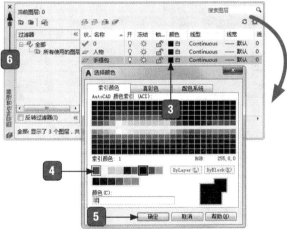

1 打开"素材 \ch08\ 更改图层的颜色 .dwg" 文件。

2 单击【默认】选项卡→【图层】面板→【图层特性】按钮。

3 在【图层特性管理器】窗口中单击颜色前面的■色块。

4 在【选择颜色】对话框中选择【红色】色块。

5 单击【确定】按钮。

6 返回【图层特性管理器】窗口，单击【关闭】按钮。

7 手提包变为红色。

197

8.1.3 更改图层的线型

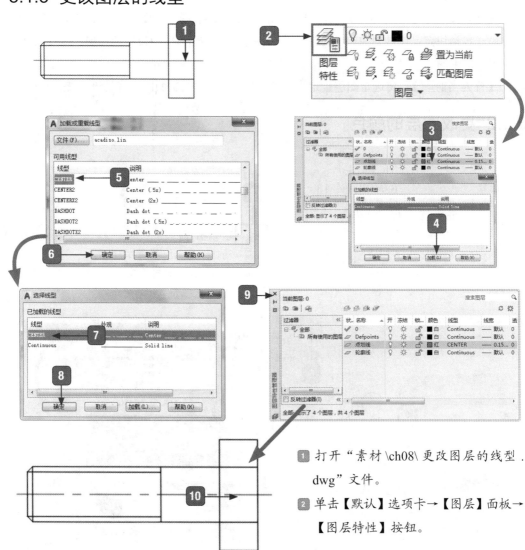

1 打开"素材\ch08\更改图层的线型.dwg"文件。

2 单击【默认】选项卡→【图层】面板→【图层特性】按钮。

3 单击线型栏【Continuous】项。

4 在【选择线型】对话框中单击【加载】按钮。

5 在【可用线型】列表框中选择【CENTER】线型。

6 单击【确定】按钮。

7 在【已加载的线型】列表框中选择【CENTER】线型。

8 单击【确定】按钮。

9 返回【图层特性管理器】窗口,单击【关闭】按钮。

10 图层线型更改后效果。

8.1.4 更改图层的线宽

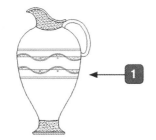

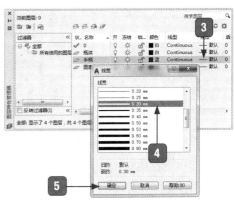

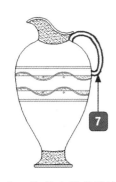

1️⃣ 打开"素材\ch08\更改图层线宽.dwg"文件。

2️⃣ 单击【默认】选项卡→【图层】面板→【图层特性】按钮。

3️⃣ 单击线宽栏的【——】项。

4️⃣ 在【线宽】对话框中选择线宽为【0.3mm】。

5️⃣ 单击【确定】按钮。

6️⃣ 返回【图层特性管理器】窗口,单击【关闭】按钮。

7️⃣ 图层线宽更改后效果。

小白:为什么我的线宽更改后线不变粗?

大神:你状态栏的【显示/隐藏线宽】按钮═打开了吗?

小白:晕,没有。这个还要打开?

大神:是的,只有═按钮状态为显示时,才能显示线宽,否则无论你设置什么样的线宽,均显示为系统默认宽度(0.25mm)。

小白:当设置的线宽大于 0.25mm 时,显示为粗线,那么当设置的线宽小于 0.25mm 时,是否显示为细线?

大神:当线宽设置小于 0.25mm 时,在 AutoCAD 视图中显示的宽度是一样的,但将图形打印出来后,可以显示线宽比 0.25mm 细。

8.2 图层的状态控制

图层的状态主要包括打开 / 关闭、冻结 / 解冻、锁定 / 解锁、打印 / 不打印等，在绘图过程中合理控制图层的状态，可以达到事半功倍的效果。

8.2.1 打开 / 关闭图层

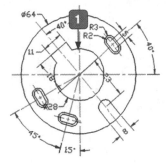
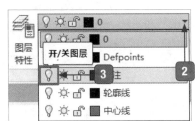
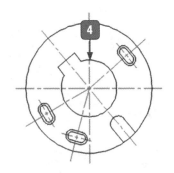

1 打开"素材 \ch08\ 打开或关闭图层 . dwg"文件。

2 单击【默认】选项卡→【图层】面板→【图层】下拉按钮。

3 在弹出的下拉列表中单击【标注】图层前的🔆图标，使其变暗。

4 关闭【标注】图层后的效果。

8.2.2 冻结 / 解冻图层

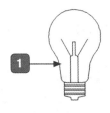

1 打开"素材 \ch08\ 冻结或解冻图层 . dwg"文件。

2 单击【默认】选项卡→【图层】面板→【图层】下拉按钮。

3 单击【灯芯】图层前的☀图标，使其变为❄图标。

4 冻结【灯芯】图层后的效果。

小白：【打开 / 关闭】图层和【冻结 / 解冻】图层都是使得图层上的对象被隐藏起来不显示，那它们有什么区别吗？

大神： 这两个作用差不多，相同点都是控制对象的显示与否，并且关闭或冻结后，该图层上的对象将不能被打印。区别在于，冻结图层可以减少重新生成图形时的计算时间，图层越复杂越能体现出冻结图层的优越性。解冻一个图层将引起整个图形重新生成，而打开一个图层则只是重新绘制这个图层上的对象，因此，如果用户需要频繁地改变图层的可见性，应使用关闭而不应使用冻结。此外，在 AutoCAD 中，当前图层可以被关闭但不可以被冻结。

8.2.3 锁定 / 解锁图层

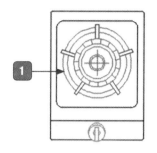
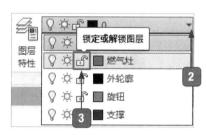
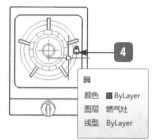

1 打开"素材 \ch08\ 锁定或解锁图层 .dwg"文件。

2 单击【默认】选项卡→【图层】面板→【图层】下拉按钮。

3 在弹出的下拉列表中单击【燃气灶】图层前的 图标，使其变为 图标。

4 将鼠标指针放至锁定的图层上，显示有锁的图标。

> **提示：** 图层锁定后图层上的内容依然可见，但是不能被编辑。

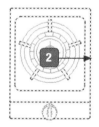
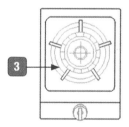
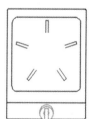

1 单击【默认】选项卡→【修改】面板→【复制】按钮。

2 选中所有图形，可以看到锁定图层上的对象无法选中。

3 锁定的图层对象无法复制。

8.2.4 打印 / 不打印图层

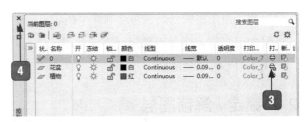

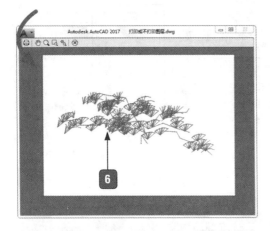

1 打开"素材\ch08\打印或不打印图层.dwg"文件。

2 单击【默认】选项卡→【图层】面板→【图层特性】按钮。

3 在【图层特性管理器】窗口中单击【花盆】图层的🖨图标，使其变为🖨图标。

4 单击【关闭】按钮。

5 单击【输出】选项卡→【打印】面板→【打印】按钮。

6 设置不打印图层后，打印预览效果。

提示：

　　【打开/关闭】【冻结/解冻】和【锁定/解锁】同样也可以在【图层特性管理器】窗口中完成。

8.3 管理图层

　　通过对图层的有效管理，可以提高绘图效率，保证绘图质量，还可以及时地将无用图层删除，节约磁盘空间。

8.3.1 切换当前层

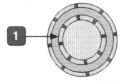

1 打开"素材\ch08\切换当前层.dwg"文件。

2 单击【默认】选项卡→【图层】面板→【图层】下拉按钮，在弹出的下拉列表中选择【大理石】选项。

3 显示当前图层为【大理石】。

提示:

只能在当前图层上绘图,也就是说想要在某个图层上绘图,首先要将该图层切换为当前图层。还可以通过【图层特性管理器】窗口来切换图层。

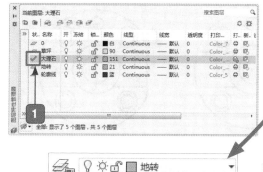

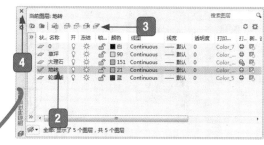

▣ 打开【图层特性管理器】窗口,显示【大理石】图层为当前图层。

▣ 选择【地砖】图层。

▣ 单击【置为当前】按钮。

▣ 单击【关闭】按钮。

▣ 显示当前图层为【地砖】图层。

8.3.2 改变图形所在层

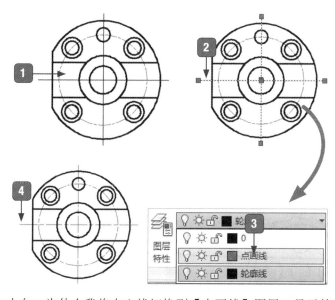

▣ 打开"素材\ch08\改变图形对象所在图层.dwg"文件。

▣ 选择两条中心线。

▣ 单击【默认】选项卡→【图层】面板→【图层】下拉按钮,在弹出的下拉列表中选择【点画线】图层。

▣ 将中心线改变图层后的效果。

203

小白:为什么我将中心线切换到【点画线】图层,显示的中心线还是跟直线一样,不仔细看真看不出来是点画线?

大神：这是线型比例的问题，可能是你的线型比例不合适，在【特性】选项板将线型比例设置为合适的值即可。

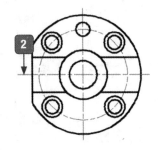

1 选择两条中心线，然后按【Ctrl+1】组合键并将【线型比例】改为【1.5】。

2 【线型比例】改变后的效果。

3 将【线型比例】改为【0.5】后的效果。

8.3.3 合并图层

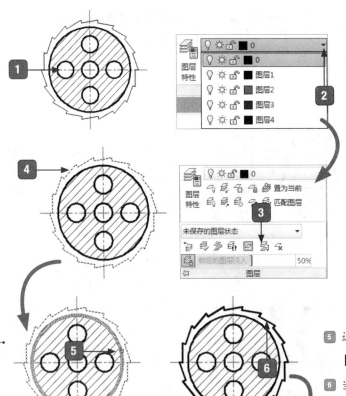

1 打开"素材\ch08\合并图层.dwg"文件。

2 图层列表显示有 5 个图层。

3 单击【默认】选项卡→【图层】面板→【合并】按钮。

4 选择要合并的图层上的对象，并按【Space】键确认。

5 选择目标图层上的对象，并按【Space】键确认。

6 当命令行提示是否继续时，输入"y"，即可看到合并后的效果。

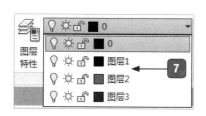

⑦ 合并后的图层列表显示为4个图层。

8.4 综合实战——创建机箱外壳装配图图层

图层的目的是让图形更加清晰，有层次感，但很多初学者往往只盯着绘图命令和编辑命令，而忽视了图层的存在。下面两幅图是机箱外壳装配所有图素在同一个图层和将图素分类放置于几个图层上的效果，差别是一目了然的，左下图线型虚实不分，线宽粗细不辨，颜色单调。右下图则不同类型对象的线型、线宽、颜色各异，层次分明。

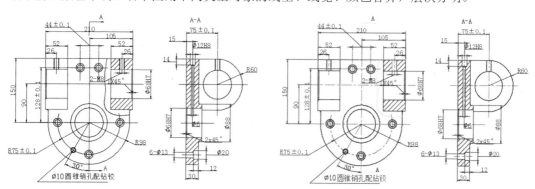

8.4.1 新建图层

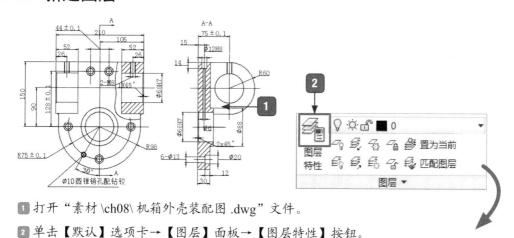

① 打开"素材 \ch08\ 机箱外壳装配图 .dwg"文件。

② 单击【默认】选项卡→【图层】面板→【图层特性】按钮。

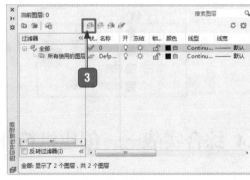

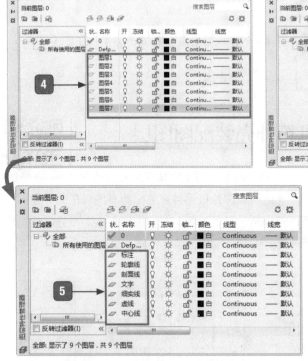

③ 在【图层特性管理器】窗口
　中连续单击【新建图层】按钮。

④ 新建多个图层效果。

⑤ 更改图层的名称。

8.4.2 更改图层颜色

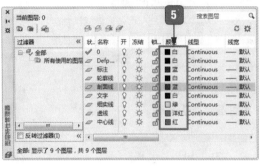

① 单击【标注】图层【颜色】栏中的■
　色块。

② 在【选择颜色】对话框中选择【蓝色】
　色块。

③ 单击【确定】按钮。

④ 颜色更改后的效果。

⑤ 修改其他图层的颜色。

8.4.3 更改图层线型

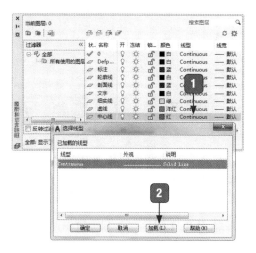

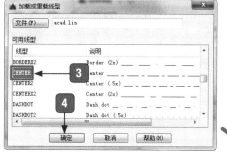

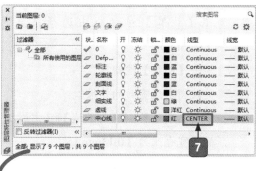

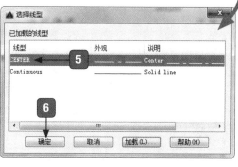

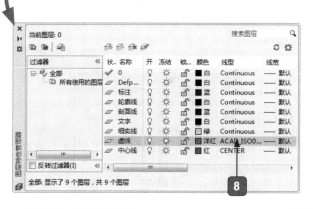

① 选择【中心线】图层【线型】栏中的【Continuous】选项。

② 在【选择线型】对话框中单击【加载】按钮。

③ 在【加载或重载线型】对话框中选择【CENTER】线型。

④ 单击【确定】按钮。

⑤ 在【选择线型】对话框中选择【CENTER】线型。

⑥ 单击【确定】按钮。

⑦ 更改图层线型后的效果。

⑧ 将【虚线】图层的线型改为【ACAD_ISO02W100】。

8.4.4 更改图层线宽

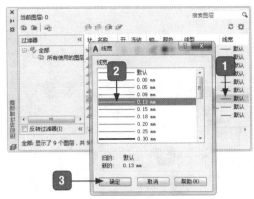

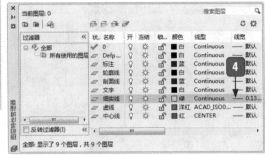

1️⃣ 单击【细实线】图层【线宽】栏中的【—】项。

2️⃣ 在【线宽】对话框中选择线宽为【0.13mm】。

3️⃣ 单击【确定】按钮。

4️⃣ 更改图层线宽后的效果。

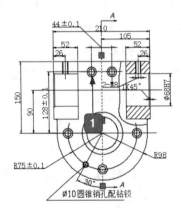

5️⃣ 重复上述步骤，将【剖面线】和【中心线】的线宽也改为【0.13mm】。

8.4.5 改变图形对象所在层

1. 将中心线放置到【中心线】图层

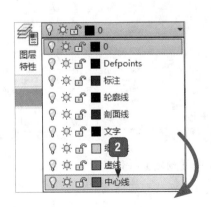

1️⃣ 选中【竖直中心线】。

2️⃣ 在【图层】下拉列表中选择【中心线】图层。

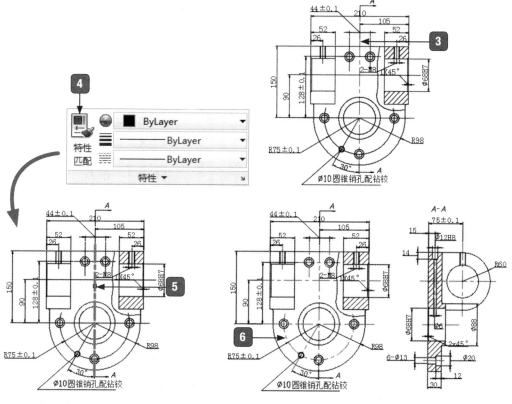

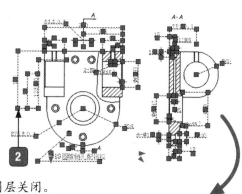

③ 中心线放置到【中心线】图层效果。

④ 单击【默认】选项卡→【特性】面板→【特性匹配】按钮。

⑤ 选择【竖直中心线】为源对象，并按

【Space】键确认。

⑥ 选择所有孔的中心线为目标对象，并将其放置到【中心线】图层后的效果。

2. 将标注尺寸和剖面线放置到相应的图层上

① 在【图层】下拉列表中将【中心线】图层关闭。

② 选中所有标注尺寸线。

209

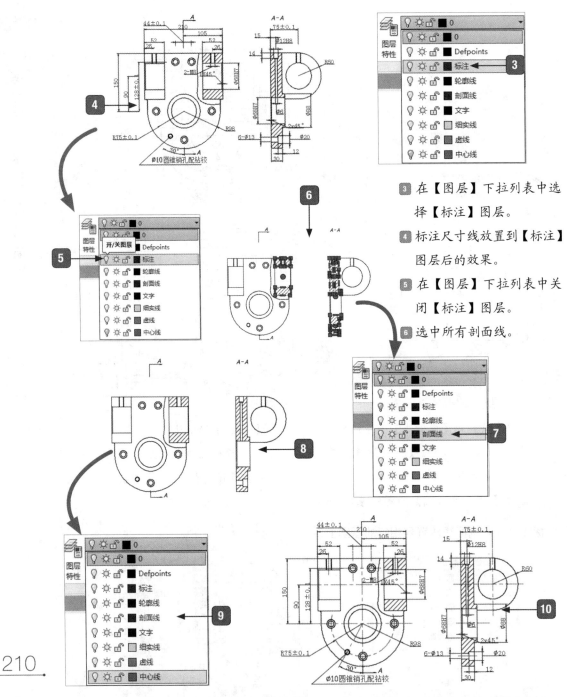

3 在【图层】下拉列表中选择【标注】图层。

4 标注尺寸线放置到【标注】图层后的效果。

5 在【图层】下拉列表中关闭【标注】图层。

6 选中所有剖面线。

7 在【图层】下拉列表中选择【剖面线】图层。

8 剖面线放置到【剖面线】图层后的效果。

9 在图层下拉列表中将所有图层打开。

10 将所有图层打开后的效果。

3. 将螺纹线、剖断线、指引线和轮廓线放置到相应的图层上

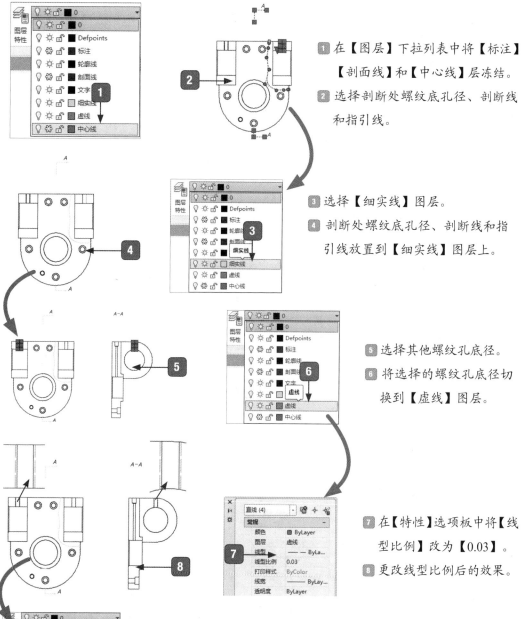

① 在【图层】下拉列表中将【标注】
【剖面线】和【中心线】层冻结。

② 选择剖断处螺纹底孔径、剖断线
和指引线。

③ 选择【细实线】图层。

④ 剖断处螺纹底孔径、剖断线和指
引线放置到【细实线】图层上。

⑤ 选择其他螺纹孔底径。

⑥ 将选择的螺纹孔底径切
换到【虚线】图层。

⑦ 在【特性】选项板中将【线
型比例】改为【0.03】。

⑧ 更改线型比例后的效果。

⑨ 将【虚线】图层冻结。

⑩ 选中除文字外的所有对象。

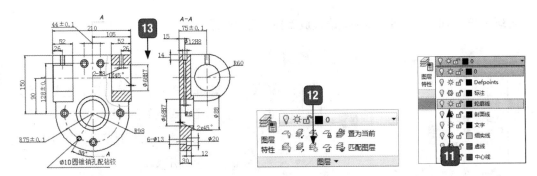

11 将对象切换到【轮廓线】图层。

12 单击【默认】选项卡→【图层】面板→【解冻所有图层】按钮。

13 将所有图层解冻后的效果。

4. 将剖断标识切换到【文字】图层

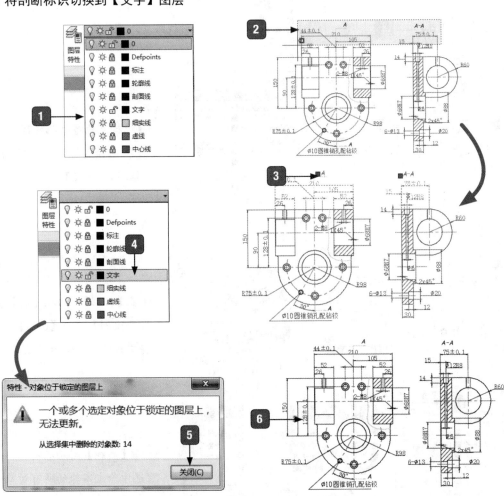

1️⃣ 在【图层】下拉列表中将除【0】图层和【文字】图层外的所有图层锁定。

2️⃣ 选择【剖断标识】图层。

3️⃣ 选择【剖断标识】图层后的效果。

4️⃣ 将选择对象切换到【文字】图层。

5️⃣ 在出现的提示框中单击【关闭】按钮。

6️⃣ 将所有图层解锁后的效果。

痛点解析

痛点 1：如何删除顽固图层

大神：遇到什么麻烦了，怎么萎靡不振的？

小白：我快要被折磨死了，这些图层我怎么都删不掉。

大神：让我看看。明白了，你是遇到顽固图层了，针对这些顽固派，AutoCAD 一般有以下 3 种方法对付它。

方法 1

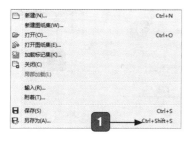

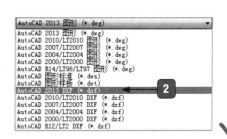

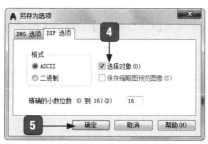

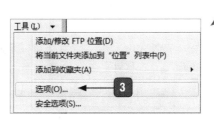

1️⃣ 将要删除的图层关闭，然后选择【文件】菜单→【另存为】选项。

2️⃣ 在弹出的对话框中选择文件类型为【*dxf】。

3️⃣ 在对话框右上角选择【工具】菜单→【选项】选项。

4️⃣ 选择【DXF 选项】选项卡，并选中【选择对象】复选框。

5️⃣ 单击【确定】按钮。

213

> **提示：**
>
> 返回【图形另存为】对话框，单击【保存】按钮，系统自动进入绘图窗口。在绘图窗口中选择需要保留的图形对象，然后按【Enter】键确认并退出当前文件，即可完成相应对象的保存。在新文件中无用的图块将被删除。

方法2

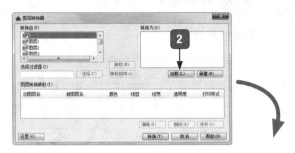

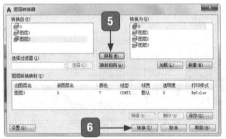

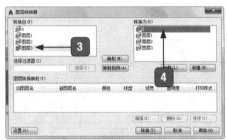

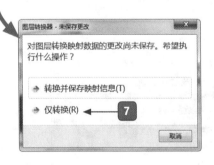

1️⃣ 打开要删除图层的文件，然后单击【管理】选项卡→【CAD标准】面板→【图层转换器】按钮。

2️⃣ 在【图层转换器】对话框中单击【加载】按钮，重新选择该图形为加载对象。

3️⃣ 选择要删除的图层。

4️⃣ 选择【0】图层。

5️⃣ 单击【映射】按钮，映射后该图层被删除。

6️⃣ 单击【转换】按钮。

7️⃣ 单击【仅转换】项，转换后映射图层被删除。

方法3

打开一个AutoCAD文件，将无用图层全部关闭，然后在绘图窗口中将需要的图形全部选中，并按【Ctrl+C】组合键。然后新建一个图形文件，并在新建图形文件中按【Ctrl+V】组合键，无用图层将不会被粘贴至新图形文件中。

痛点2：同一个图层上显示不同的线型、线宽和颜色

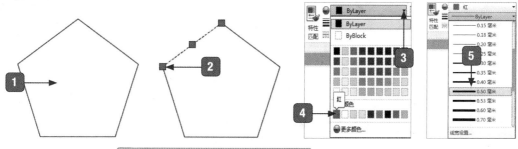

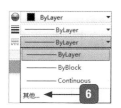

1 打开"素材\ch08\五边形.dwg"
文件。

2 选中五边形的一条边。

3 单击【默认】选项卡→【特性】
面板→【对象颜色】下拉按钮。

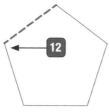

4 在弹出的下拉列表中选择【红色】色块。

5 单击【默认】选项卡→【特性】面板→【线
宽】下拉按钮，在弹出的下拉列表中
选择线宽为【0.5毫米】。

6 单击【默认】选项卡→【特性】面板→【线

型】下拉按钮，在弹出的下拉列表中
选择【其他】选项。

7 在【线型管理器】对话框中单击【加载】
按钮。

8 在【可用线型】列表框中选择【DASHED】
线型。

9 单击【确定】按钮。

10 返回【线型管理器】对话框，单击【确定】按钮。

11 选择【DASHED】线型。

12 可在同一个图层上显示不同线型、线宽和颜色。

215

大神支招

1. 匹配图层

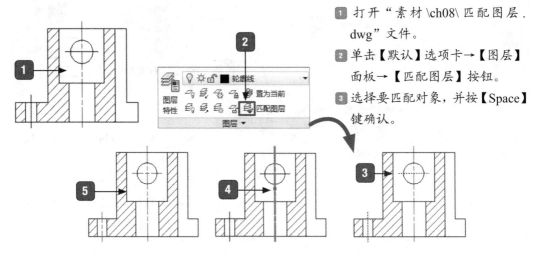

1️⃣ 打开"素材\ch08\匹配图层. dwg"文件。

2️⃣ 单击【默认】选项卡→【图层】面板→【匹配图层】按钮。

3️⃣ 选择要匹配对象,并按【Space】键确认。

4️⃣ 选择【中心线】为目标图层上的对象。　　5️⃣ 匹配图层后的效果。

2. 将对象复制到新图层

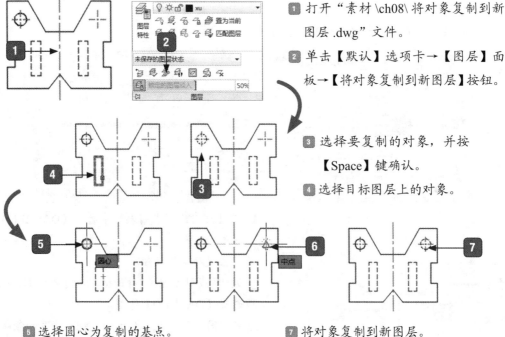

1️⃣ 打开"素材\ch08\将对象复制到新图层.dwg"文件。

2️⃣ 单击【默认】选项卡→【图层】面板→【将对象复制到新图层】按钮。

3️⃣ 选择要复制的对象,并按【Space】键确认。

4️⃣ 选择目标图层上的对象。

5️⃣ 选择圆心为复制的基点。　　7️⃣ 将对象复制到新图层。

6️⃣ 捕捉中点为第二点。

第9章

三维建模
——创建升旗台模型

>>> 三维实体建模基础。

>>> 三维网格表面建模。

>>> 如何通过圆锥体、棱锥体命令创建圆台、棱台？

>>> 为什么坐标系会自动改变？

>>> 如何给三维图形添加标注？

这一章将告诉你 AutoCAD 2017 三维建模的应用技巧！

9.1 三维建模空间、三维视图与视觉样式

　　二维图形需要一定的识图能力才能看明白，而三维只需要合理切换三维视图方向、视觉样式即可观察图形的全貌，这一节就介绍如何切换三维建模空间、三维视图方向和视觉样式。

9.1.1 三维建模空间

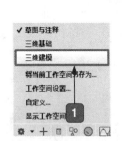

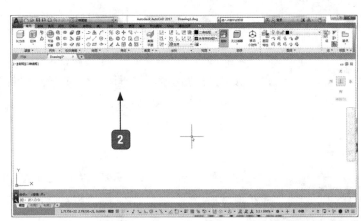

　❶ 单击状态栏中的【切换工作空间】按钮 ⚙，在弹出的列表中选择【三维建模】选项。
　❷ 打开【三维建模】工作界面。

9.1.2 切换三维视图

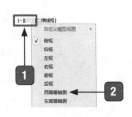

❶ 单击【视图】控件。
❷ 在弹出的下拉列表中选择所需的视图。

9.1.3 切换视觉样式

❶ 单击【视觉样式】控件。
❷ 在弹出的下拉列表中选择所需的视觉样式。

提示：
　　本章不做特殊说明，所有建模均在西南视图、二维线框视觉样式下创建。

9.2 三维实体建模

实体的形状千变万化，AutoCAD 对常用的规则的形状已做了归纳，这些形状只需调用相应命令，根据命令提示进行操作即可，这类形状有长方体、圆柱体、圆锥体、球体等。

9.2.1 长方体建模

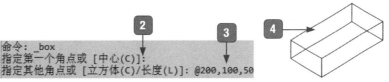

```
命令: _box
指定第一个角点或 [中心(C)]:
指定其他角点或 [立方体(C)/长度(L)]: @200,100,50
```

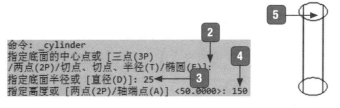

① 单击【常用】选项卡→【建模】面板→【长方体】按钮。

② 指定第一个角点。

③ 指定第二个角点。

④ 长方体建模效果。

9.2.2 圆柱体建模

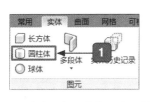
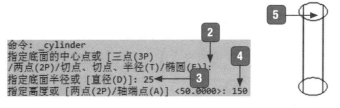
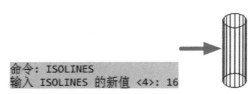

```
命令: cylinder
指定底面的中心点或 [三点(3P)
/两点(2P)/切点、切点、半径(T)/椭圆(E)]:
指定底面半径或 [直径(D)]: 25
指定高度或 [两点(2P)/轴端点(A)] <50.0000>: 150
```

① 单击【实体】选项卡→【图元】面板→【圆柱体】按钮。

② 指定底面中心。

③ 在命令行输入底面半径。

④ 输入圆柱体高度。

⑤ 圆柱体建模效果。

小白：圆柱体怎么看着像"两根筷子＋两个鸡蛋"？

大神：你这比喻太形象了，我这茶水都喷了一桌面。

大神：圆柱体在二维线宽下显示的效果是由系统变量【ISOLINES】（线框密度）决定的，系统默认线框密度值为"4"，当把线框密度设置为"16"时，效果如下图所示。

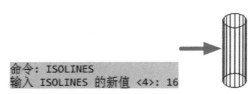

```
命令: ISOLINES
输入 ISOLINES 的新值 <4>: 16
```

9.2.3 球体建模

 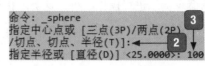 

1 单击【实体】选项卡→【图元】面板→【球体】按钮。

2 指定球体中心。

3 在命令行输入球体半径。

4 球体建模效果。

9.2.4 多段体建模

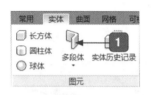  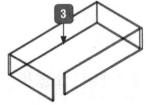

1 单击【实体】选项卡→【图元】面板→【多段体】按钮。

2 依次指定多段体的起点和下一个点。

3 多段体建模效果。

9.2.5 楔体建模

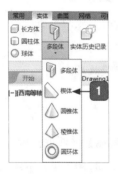 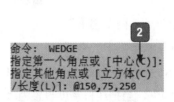 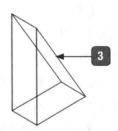

1 单击【实体】选项卡→【图元】面板→【楔体】按钮。

2 指定楔体的第一个角点和第二个角点。

3 楔体建模效果。

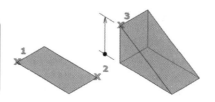

> **提示：**
> 　　楔体的倾斜方向始终沿 UCS 的 X 轴方向，如右图所示。

9.2.6　圆锥体建模

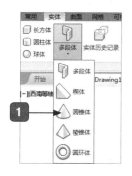

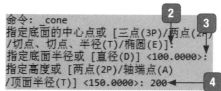

1 单击【实体】选项卡→【图元】面板→【圆锥体】按钮。

2 指定底面中心。

3 指定底面半径。

4 指定圆锥体高度。

5 圆锥体建模效果。

小白：在几何体中，圆柱体和圆台体其实就是特殊的圆锥体，那么在 AutoCAD 中使用圆锥体命令能创建圆柱体和圆台体吗？

大神： 小白你越来越善于思考了，还真如你所说，用圆锥体命令还真能创建圆柱体和圆台体。

1. 创建圆柱体

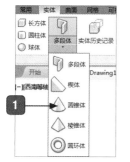

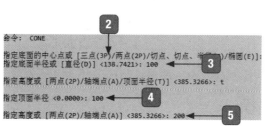

1 单击【实体】选项卡→【图元】面板→【圆锥体】按钮。

2 指定底面中心。

3 指定底面半径。

4 指定顶面半径。

5 指定高度。

6 圆柱体建模效果。

221

2. 创建圆台体

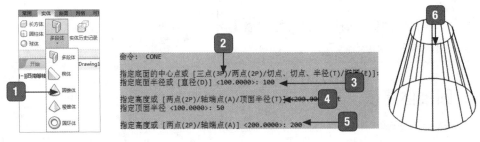

1 在【多段体】下拉列表中选择【圆锥体】
命令。

2 指定底面中心。

3 指定底面半径。

4 指定顶面半径。

5 指定高度。

6 圆台体建模效果。

提示:

其实圆柱体就是底面半径和顶面半径相等的圆锥体，圆台体就是底面半径和顶面半径
不相等的圆锥体。

9.2.7 棱锥体建模

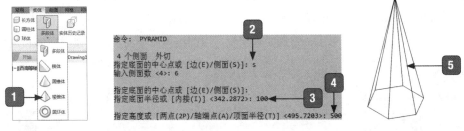

1 单击【实体】选项卡→【图元】面板→【棱
锥体】按钮。

2 指定侧面数。

3 指定底面半径。

4 指定高度。

5 棱锥体建模效果。

9.2.8 圆环体建模

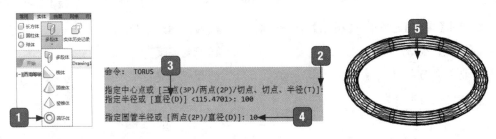

1 单击【实体】选项卡→【图元】面板→【圆
　环体】按钮。

2 指定底面中心。

3 指定圆环体的半径。

4 指定圆管半径。

5 圆环体建模效果。

9.3 三维网格表面建模

　　与实体相似，网格表面形状也千变万化，我们这节主要对形状规则的长方体网格表面、圆柱体网格表面、圆锥体网格表面、球体网格表面等进行介绍。

9.3.1 网格长方体建模

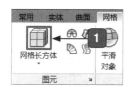

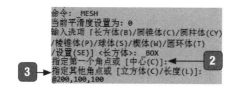

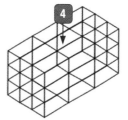

1 单击【网格】选项卡→【图元】面板→【网
　格长方体】按钮。

2 指定第一个角点。

3 指定第二个角点。

4 网格长方体建模效果。

9.3.2 网格圆锥体建模

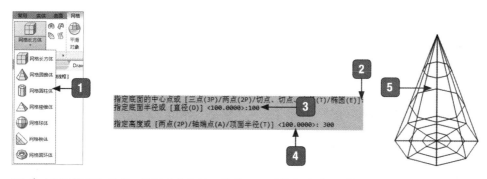

1 单击【网格】选项卡→【图元】面板→【网
　格圆锥体】按钮。

2 指定底面中心。

3 指定底面半径。

4 指定高度。

5 网格圆锥体建模效果。

9.3.3 网格圆柱体建模

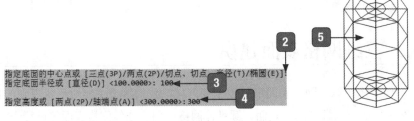

1 单击【网格】选项卡→【图元】面板→【网格圆柱体】按钮。

2 指定底面中心。

3 指定底面半径。

4 指定高度。

5 网格圆柱体建模效果。

9.3.4 网格棱锥体建模

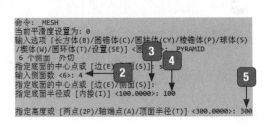

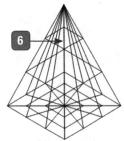

1 单击【网格】选项卡→【图元】面板→【网格棱锥体】按钮。

2 指定侧面数。

3 指定底面中心。

4 指定底面半径。

5 指定高度。

6 网格棱锥体建模效果。

9.3.5 网格球体建模

1 单击【网格】选项卡→【图元】面板→【网格球体】按钮。

2 指定球的中心。

3 指定半径。

4 网格球体建模效果。

指定中心点或 [三点(3P)/两点(2P)/切点、切点、半径(T)]:
指定半径或 [直径(D)] <100.0000>: 100

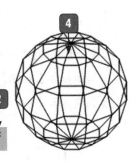

9.3.6 网格楔体建模

1. 单击【网格】选项卡→【图元】面板→【网格楔体】按钮。
2. 指定第一个角点。
3. 指定第二个角点。
4. 网格楔体建模效果。

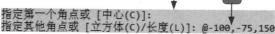

```
指定第一个角点或 [中心(C)]:
指定其他角点或 [立方体(C)/长度(L)]: @-100,-75,150
```

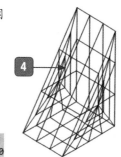

9.3.7 网格圆环体建模

1. 单击【网格】选项卡→【图元】面板→【网格圆环体】按钮。
2. 指定圆环体的中心。
3. 指定圆环体的半径。
4. 指定圆管的半径。
5. 网格圆环体建模效果。

```
指定中心点或 [三点(3P)/两点(2P)/切点、切点、半径(T)]:
指定半径或 [直径(D)] <100.0000>: 100
指定圆管半径或 [两点(2P)/直径(D)] <10.0000>: 10
```

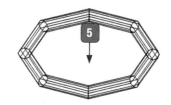

9.3.8 旋转曲面建模

1. 打开"素材\ch09\旋转曲面.dwg"文件。
2. 单击【网格】选项卡→【图元】面板→【旋转曲面】按钮。

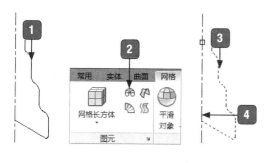

```
指定起点角度 <0>:0
指定夹角 (+=逆时针，-=顺时针) <360>:360
```

3. 指定旋转对象。
4. 指定旋转轴。
5. 指定起点角度和夹角。
6. 旋转曲面建模效果。

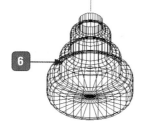

9.3.9 直纹曲面建模

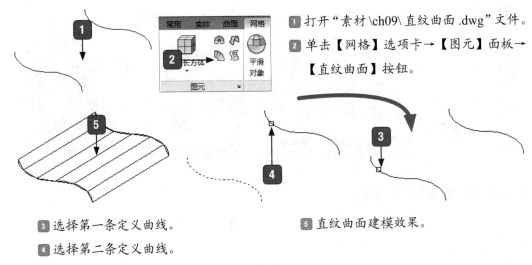

1. 打开"素材\ch09\直纹曲面.dwg"文件。
2. 单击【网格】选项卡→【图元】面板→【直纹曲面】按钮。

3. 选择第一条定义曲线。
4. 选择第二条定义曲线。

5. 直纹曲面建模效果。

小白：不对啊，我创建的直纹曲面怎么是这样的？

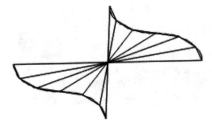

大神：这是你选择定义曲线时的位置不同造成的，当两条曲线选取在同侧时和案例的结果相同，当选择在两侧时会得到你上面那样的结果。

同侧：

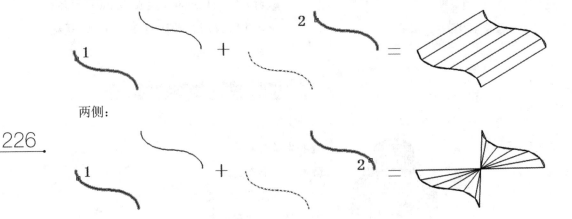

两侧：

9.3.10 边界曲面建模

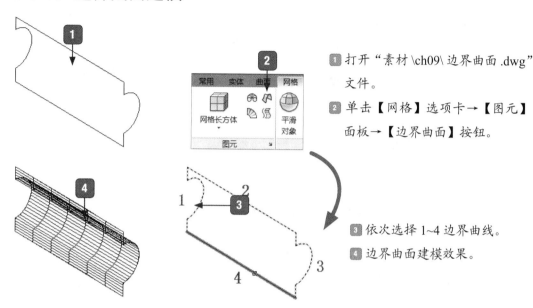

1 打开"素材\ch09\边界曲面.dwg"文件。

2 单击【网格】选项卡→【图元】面板→【边界曲面】按钮。

3 依次选择1~4边界曲线。

4 边界曲面建模效果。

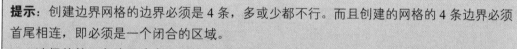

提示: 创建边界网格的边界必须是4条,多或少都不行。而且创建的网格的4条边界必须首尾相连,即必须是一个闭合的区域。

选择的第1条边界决定了网格的M方向,2~4的选择顺序无先后关系。

第1条边界选择1或3时如左下图所示,第1条边界选择2或4时如右下图所示。

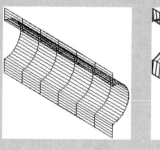

9.3.11 平移曲面建模

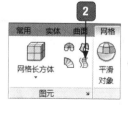

1 打开"素材\ch09\平移曲面.dwg"文件。

2 单击【网格】选项卡→【图元】面板→【平移曲面】按钮。

3 选择用作轮廓曲线的对象。

4 选择用作方向矢量的直线。

5 平移曲面建模效果。

9.3.12 三维面建模

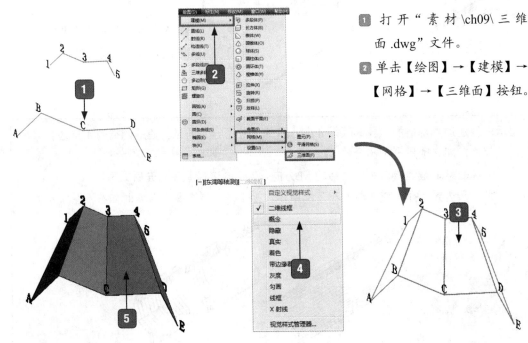

1 打开"素材\ch09\三维面.dwg"文件。

2 单击【绘图】→【建模】→【网格】→【三维面】按钮。

3 依次指定1，A，B，2，3，C，D，4，5，E。

4 将【视觉样式】切换为【概念】。

5 三维面建模效果。

9.3.13 网格曲面建模

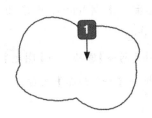

1 打开"素材\ch09\网格曲面.dwg"文件。

2 单击【曲面】选项卡→【创建】面板→【网格】按钮。

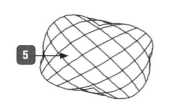
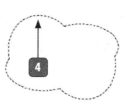
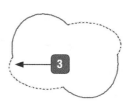

③ 选择图示的两条曲线为第一个方向上的曲线。

④ 选择另外两条曲线为第二个方向上的曲线。

⑤ 网格曲面建模效果。

9.3.14 平面曲面建模

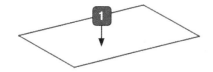

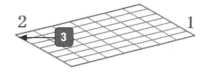

① 打开"素材\ch09\平面曲面.dwg"文件。

② 单击【曲面】选项卡→【创建】面板→【平面】按钮。

③ 选择第一和第二两个角点，即可看到平面曲面建模效果。

小白：大神，创建平面曲面时选择的是两个角点，如果是不规则的图形怎么创建呢？

大神：如果是不规则的图形，可以通过【对象】选项，选择整体创建，效果如下图所示。

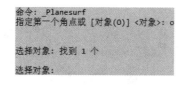

9.4 由二维平面图形创建三维模型

对于不规则的、更复杂的三维模型或表面网格，可以通过拉伸、旋转、扫描、放样等将二维图形生成三维模型或表面网格。

9.4.1 拉伸成型

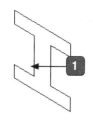

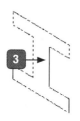

1 打开"素材 \ch09\ 通过高度拉伸成型 .dwg"文件。

2 单击【实体】选项卡→【实体】面板→【拉伸】按钮。

3 选择拉伸对象。

4 拖动鼠标或输入拉伸距离后的效果。

小白： 大神，上面的命令调用是在【实体】选项卡下调用的，但在【曲面】选项卡下也有该
命令，这两个命令有区别吗？

大神： 是的，两个选项卡都有该命令，【实体】选项卡下的命令创建的是实体对象，【曲面】
选项卡下的命令创建的是曲面对象。不仅【拉伸】命令是这种情况，【旋转】【扫掠】
【放样】等也是这种情况。本例中如果是在【曲面】选项卡下调用【拉伸】命令，创
建的结果如右下图所示。

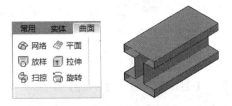

小白： 大神，无论拖动鼠标还是输入距离，路径都是直线，如果我想创建沿曲线拉伸的对象，
怎么办啊？

大神： 创建沿曲线拉伸成型的对象的操作步骤如下。

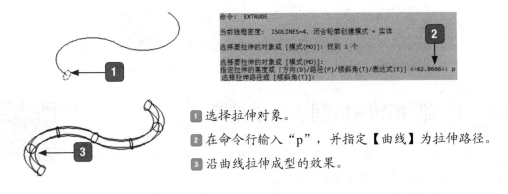

1 选择拉伸对象。

2 在命令行输入"p"，并指定【曲线】为拉伸路径。

3 沿曲线拉伸成型的效果。

9.4.2 旋转成型

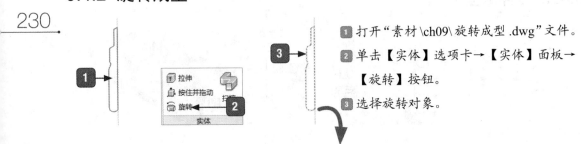

1 打开"素材\ch09\旋转成型.dwg"文件。

2 单击【实体】选项卡→【实体】面板→
【旋转】按钮。

3 选择旋转对象。

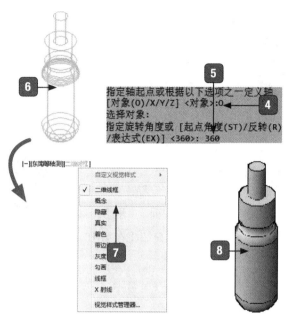

指定轴起点或根据以下选项之一定义轴
[对象(O)/X/Y/Z] <对象x:0
选择对象：
指定旋转角度或 [起点角度(ST)/反转(R)
/表达式(EX)] <360>: 360

[-][东南等轴测][二维线框]

自定义视觉样式
✓ 二维线框
概念
隐藏
真实
着色
带边
灰度
勾画
线框
X 射线

视觉样式管理器...

4 在命令行输入"o"，并选择【竖直线】为旋转轴。

5 在命令行输入旋转角度。

6 进行旋转成型。

7 将【视觉样式】设置为【概念】。

8 旋转成型效果。

9.4.3 扫掠成型

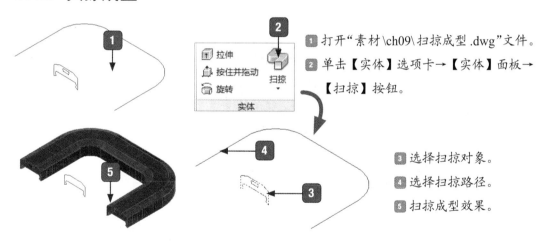

拉伸
按住并拖动
旋转
扫掠
实体

1 打开"素材\ch09\扫掠成型.dwg"文件。

2 单击【实体】选项卡→【实体】面板→【扫掠】按钮。

3 选择扫掠对象。

4 选择扫掠路径。

5 扫掠成型效果。

9.4.4 放样成型

拉伸
按住并拖动
旋转
扫掠
实体
扫掠
放样

1 打开"素材\ch09\放样成型.dwg"文件。

2 单击【实体】选项卡→【实体】面板→【放样】按钮。

231

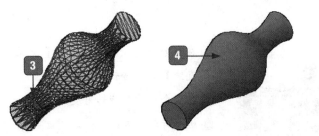

③ 从左至右依次选择圆。

④ 放样成型效果。

9.5 综合实战——创建升旗台模型

升旗台绘制的过程中主要应用到长方体、圆柱体、球体、阵列、三维多段线、楔体、拉伸及布尔运算的应用，而布尔运算和拉伸命令的具体介绍将在第 10 章介绍。

升旗台完成后效果如下图所示。

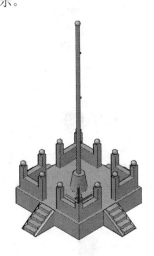

9.5.1 绘制升旗台底座

① 新建一个图形文件，并将视图切换为【西南等轴测】。

② 单击【实体】选项卡→【图元】面板→【长方体】按钮。

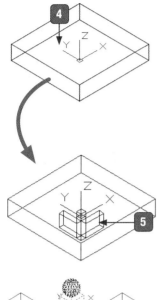

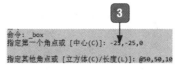
命令: _box
指定第一个角点或 [中心(C)]: -25,-25,0
指定其他角点或 [立方体(C)/长度(L)]: @50,50,10

③ 指定长方体的两个角点。

④ 开始绘制升旗台底座。

⑤ 重复【长方体】命令，分别以【(-23.5, -20.5,10)，(@3,12,8)】【(-20.5, -23.5,10)，(@12,3,8)】【(-23.5, -23.5, 10)，(@3,3,15)】为角点绘制 3 个长方体。

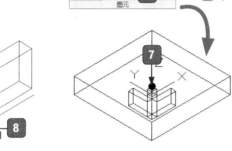

⑥ 单击【球体】按钮。

⑦ 球体中心为 (-22, -22,26.5)，半径为 1.5。

⑧ 调用【复制】命令，并捕捉此基点。

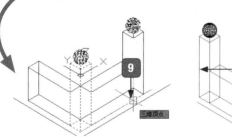
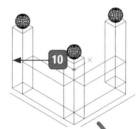

⑨ 捕捉第二个点。

⑩ 重复【复制】命令，将对象复制到另一边。

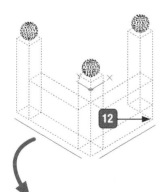

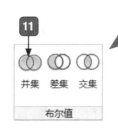

⑪ 单击【实体】选项卡→【布尔值】面板→【并集】按钮。

⑫ 选择【并集】对象。

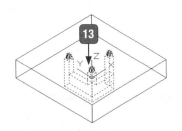

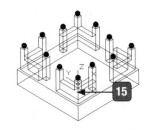

13 调用【环形阵列】命令，并选择阵列　　14 设置阵列数目和角度。

对象。　　　　　　　　　　　　　　　　15 升旗台底座完成效果。

提示：绘图前将系统变量值【ISOLINES】设置为"16"。

三维建模空间中二维命令在【常用】→【绘图】/【修改】面板上。

9.5.2 创建升旗台的楼梯

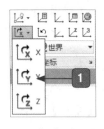

1 单击【常用】选项卡→【坐标】面

板→【绕 Y 轴旋转】按钮。

2 绕 Y 轴旋转 90° 后坐标系的效果。

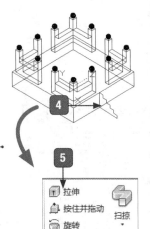

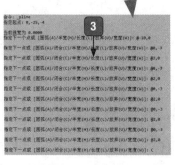

3 调用【多段线】命令，绘制

一条多段线。

4 绘制多段线后的效果。

234

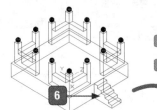

5 调用【拉伸】命令。

6 将拉伸高度设置为"8"。

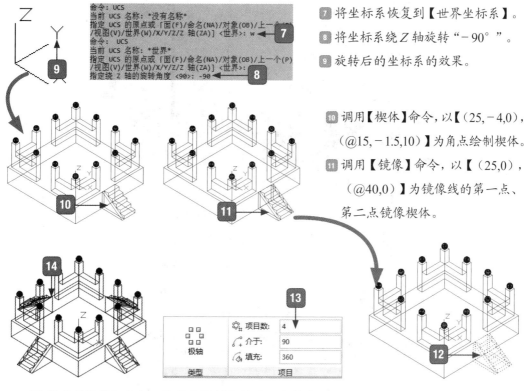

命令: UCS
当前 UCS 名称: *没有名称*
指定 UCS 的原点或 [面(F)/命名(NA)/对象(OB)/上一个
/视图(V)/世界(W)/X/Y/Z/Z 轴(ZA)] <世界>: w ← **7**
命令: UCS
当前 UCS 名称: *世界*
指定 UCS 的原点或 [面(F)/命名(NA)/对象(OB)/上一个(P)
/视图(V)/世界(W)/X/Y/Z/Z 轴(ZA)] <世界>:
指定绕 Z 轴的旋转角度 <90>: -90 ← **8**

7 将坐标系恢复到【世界坐标系】。

8 将坐标系统 Z 轴旋转 "-90°"。

9 旋转后的坐标系的效果。

10 调用【楔体】命令,以【(25,-4,0),(@15,-1.5,10)】为角点绘制楔体。

11 调用【镜像】命令,以【(25,0),(@40,0)】为镜像线的第一点、第二点镜像楔体。

⚙ 项目数:	4	
⟳ 介于:	90	
⟲ 填充:	360	
极轴		
类型	项目	

12 调用【并集】命令,将整个楼梯合并为一个整体。

13 调用【环形阵列】命令,选择并集后的楼梯为阵列对象,并进行阵列设置。

14 升旗台的楼梯完成效果。

9.5.3 创建升旗台的旗杆

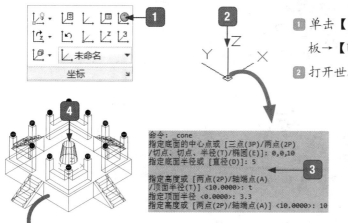

	未命名	**1**
坐标		

1 单击【常用】选项卡→【坐标】面板→【UCS,世界】按钮。

2 打开世界坐标系。

命令: _cone
指定底面的中心点或 [三点(3P)/两点(2P)
/切点、切点、半径(T)/椭圆(E)]: 0,0,10
指定底面半径或 [直径(D)]: 5

指定高度或 [两点(2P)/轴端点(A)
/顶面半径(T)] <10.0000>: t
指定顶面半径 <0.0000>: 3.3
指定高度或 [两点(2P)/轴端点(A)] <10.0000>: 10

3 调用【圆锥体】命令,参考命令行提示绘制一个圆台。

4 绘制的圆台效果。

235

⑤ 调用【圆锥体】命令，绘制
旗杆。

⑥ 绘制的旗杆效果。

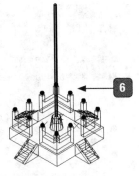

```
命令: _cylinder
指定底面的中心点或 [三点(3P)/两点(2P)
/切点、切点、半径(T)/椭圆(E)]: 0,0,20
指定底面半径或 [直径(D)] <5.0000>: 1

指定高度或 [两点(2P)/轴端点(A)] <10.0000>: 100
```

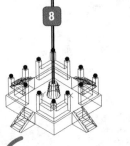

⑦ 调用【球体】命令，绘制旗
杆顶端的圆球。

⑧ 绘制的圆球效果。

```
命令: _sphere
指定中心点或 [三点(3P)/两点(2P)
/切点、切点、半径(T)]: 0,0,120.5
指定半径或 [直径(D)] <1.0000>: 1.5
```

⑨ 调用【圆环体】命令，绘制
旗杆的圆环。

⑩ 绘制的旗杆圆环效果。

```
命令: _torus
指定中心点或 [三点(3P)/两点(2P)
/切点、切点、半径(T)]: 1.6,0,70
指定半径或 [直径(D)] <1.5000>: 0.5

指定圆管半径或 [两点(2P)/直径(D)]: 0.1
```

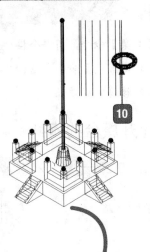

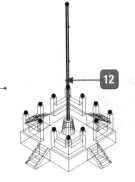

```
命令: _torus
指定中心点或 [三点(3P)/两点(2P)
/切点、切点、半径(T)]: 1.6,0,100
指定半径或 [直径(D)] <0.5000>: 0.5

指定圆管半径或 [两点(2P)/直径(D)] <0.1000>: 0.1

命令: TORUS
指定中心点或 [三点(3P)/两点(2P)
/切点、切点、半径(T)]: 1.6,0,40
指定半径或 [直径(D)] <0.5000>: 0.5

指定圆管半径或 [两点(2P)/直径(D)] <0.1000>: 0.1
```

⑪ 再次调用【圆环体】命令，
绘制旗杆的圆环。

⑫ 升旗台模型初步完成效果。

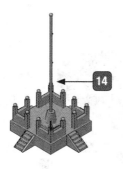

13 将【视觉样式】切换为【灰度】。

14 将所有图形【并集】，即可看到升旗台模型效果。

痛点解析

痛点1：为什么坐标系会自动变动

小白：大神，下面视图中我只是把【西南等轴测】切换到了【前视】图，再切换到【西南等轴测】时，坐标系怎么变动了？

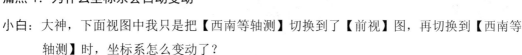

大神：出现这种情况是因为"恢复正交"设定的问题，当设定为"是"时，就会出现坐标系变动，当设定为"否"时，则可避免坐标系变动。

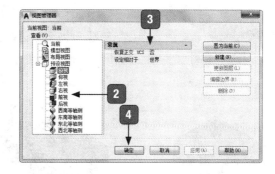

1 选择【视图管理器】选项。

2 在【查看】列表框中选择任意视图。

3 将【恢复正交】设置为【否】。

4 单击【确定】按钮。

痛点 2：为三维图形添加标注

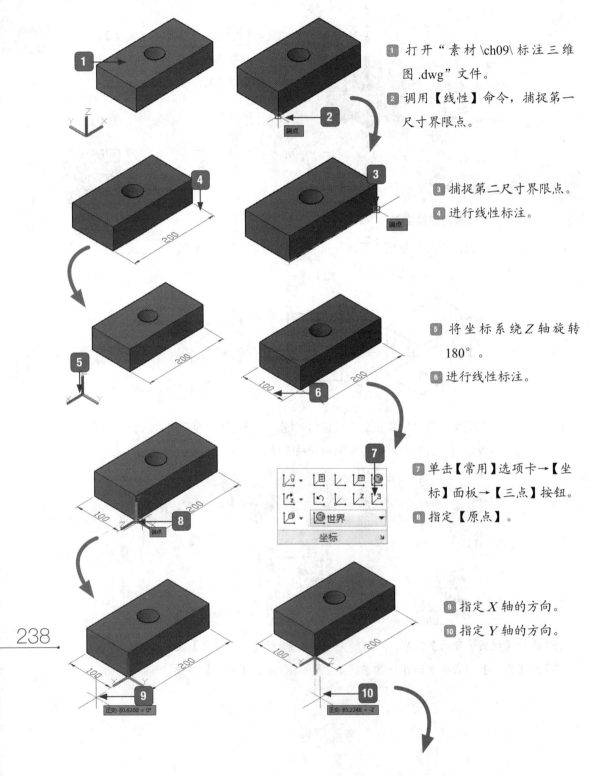

1 打开"素材\ch09\标注三维图.dwg"文件。

2 调用【线性】命令，捕捉第一尺寸界限点。

3 捕捉第二尺寸界限点。

4 进行线性标注。

5 将坐标系统 Z 轴旋转 180°。

6 进行线性标注。

7 单击【常用】选项卡→【坐标】面板→【三点】按钮。

8 指定【原点】。

9 指定 X 轴的方向。

10 指定 Y 轴的方向。

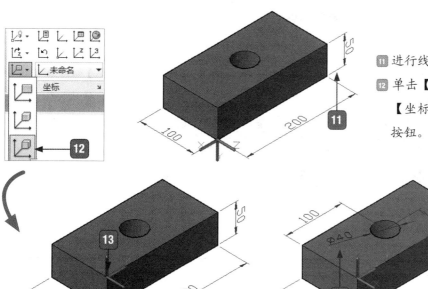

11 进行线性标注。

12 单击【常用】选项卡→【坐标】面板→【面】按钮。

13 捕捉此界限点。

14 进行线性标注和直径标注。

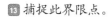

大神支招

问：如何通过【棱锥体】命令绘制棱台？

小白：圆台可以通过【圆柱体】命令来绘制，那么棱台是否可以通过【棱锥体】命令来绘制？

大神：小白，你越来越聪明了，现在都会举一反三了，通过【棱锥体】命令确实可以绘制棱台。

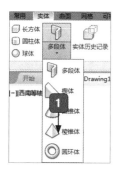

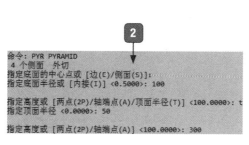

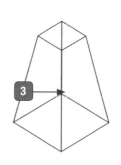

1 单击【实体】选项卡→【图元】面板→【棱锥体】按钮。

2 根据命令行提示设定相应的参数。

3 绘制的棱台效果。

239

问：如何通过【圆环体】命令创建特殊实体？

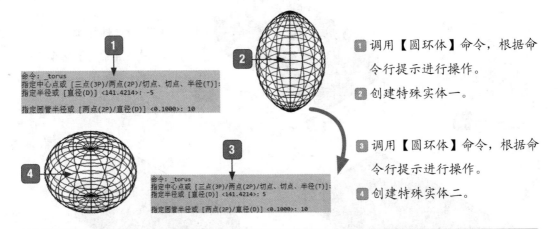

命令: _torus
指定中心点或 [三点(3P)/两点(2P)/切点、切点、半径(T)]:
指定半径或 [直径(D)] <141.4214>: -5

指定圆管半径或 [两点(2P)/直径(D)] <0.1000>: 10

命令: _torus
指定中心点或 [三点(3P)/两点(2P)/切点、切点、半径(T)]:
指定半径或 [直径(D)] <141.4214>: 5
指定圆管半径或 [两点(2P)/直径(D)] <0.1000>: 10

1 调用【圆环体】命令，根据命令行提示进行操作。

2 创建特殊实体一。

3 调用【圆环体】命令，根据命令行提示进行操作。

4 创建特殊实体二。

提示：

　　如果圆环的半径为负值而圆管的半径大于圆环的绝对值（如-5和10），则得到一个橄榄球状的实体；如果圆环半径为正值且小于圆管半径，则可以创建一个苹果样的实体。

第10章

编辑三维模型——创建三维泵体连接件

>>> 什么是布尔运算？

>>> 什么是三维边编辑、面编辑及体编辑？

>>> 哪些二维编辑命令可以应用到三维编辑中？

>>> 偏移面、偏移轴和偏移孔有什么区别？

>>> 倾斜面的倾斜方向如何控制？

这一章将告诉你 AutoCAD 2017 三维编辑的应用技巧！

10.1 布尔运算

布尔运算就是对多个面域和三维实体进行并集、差集和交集运算。

10.1.1 并集运算

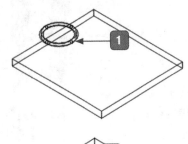

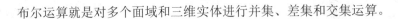

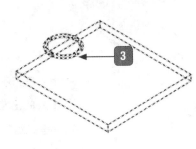

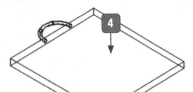

1 打开"素材 \ch10\ 并集运算 .dwg"文件。

2 单击【常用】选项卡→【实体编辑】面板→【并集】按钮。

3 选择对象。

4 并集运算后的效果。

10.1.2 差集运算

1 打开"素材 \ch10\ 差集运算 .dwg"文件。

2 单击【常用】选项卡→【实体编辑】面板→【差集】按钮。

3 选择要从中减去对象的对象。

4 选择要减去的对象。

5 差集运算后的效果。

10.1.3 交集运算

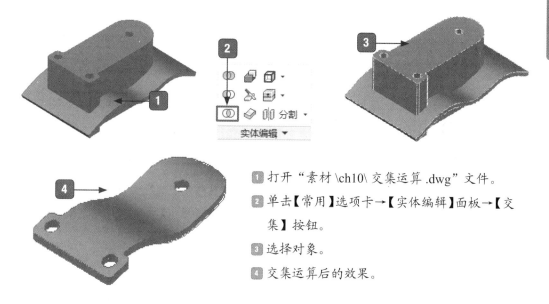

1 打开"素材 \ch10\ 交集运算 .dwg"文件。

2 单击【常用】选项卡→【实体编辑】面板→【交集】按钮。

3 选择对象。

4 交集运算后的效果。

10.2 三维边编辑

三维实体编辑（SOLIDEDIT）命令的选项分为三类，分别是边、面和体。这一节我们先来对边编辑进行介绍。

10.2.1 提取边

1 打开"素材 \ch10\ 提取边 .dwg"文件。

2 单击【常用】选项卡→【实体编辑】面板→【提取边】按钮。

3 选择对象。

4 提取边后的效果。

243

小白：提取边前后图形没发生变化吗？

大神：提取前是一个对象，提取后是两个对象，用【移动】命令将三维实体移开后，可以看到提取的边，如下图所示。

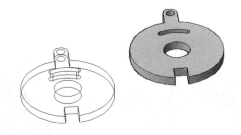

10.2.2 压印边

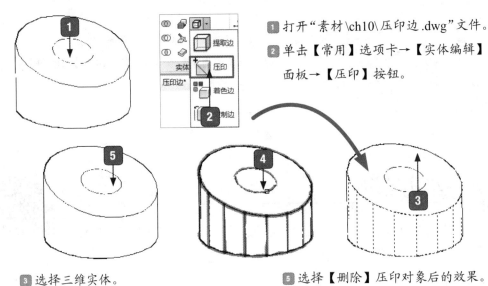

1 打开"素材\ch10\压印边.dwg"文件。

2 单击【常用】选项卡→【实体编辑】
面板→【压印】按钮。

3 选择三维实体。

4 选择压印对象。

5 选择【删除】压印对象后的效果。

小白： 压印前后图形没有发生变化吗？

大神： 压印前是两个对象，压印后是一个整体，如下图所示，只是从外观上看是一样的，但
当选择图形时能看出来是有区别的。

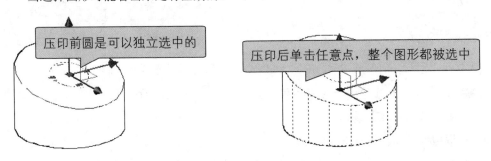

压印前圆是可以独立选中的

压印后单击任意点，整个图形都被选中

10.2.3 着色边

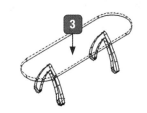

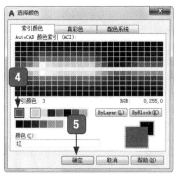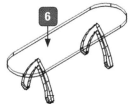

1 打开"素材\ch10\着色边.dwg"文件。

2 单击【常用】选项卡→【实体编辑】面板→【着色边】按钮。

3 选择要着色的边。

4 在【选择颜色】对话框中选择【红色】色块。

5 单击【确认】按钮。

6 将边着色后效果。

10.2.4 复制边

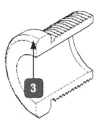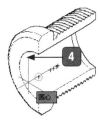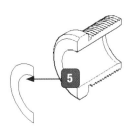

1 打开"素材\ch10\复制边.dwg"文件。

2 单击【常用】选项卡→【实体编辑】面板→【复制边】按钮。

3 选择要复制的边。

4 指定位移的基点。

5 指定第二点后的效果。

10.2.5 偏移边

1 打开"素材\ch10\偏移边.dwg"文件。

2 单击【实体】选项卡→【实体编辑】面板→【偏移边】按钮。

③ 选择要偏移的边。

④ 指定通过点后的偏移效果。

10.2.6 圆角边

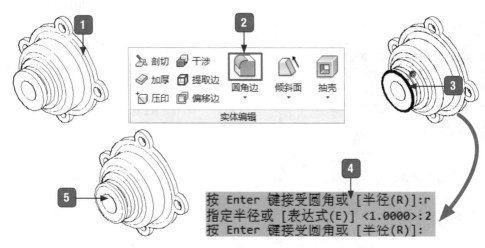

按 Enter 键接受圆角或 [半径(R)]:r
指定半径或 [表达式(E)] <1.0000>:2
按 Enter 键接受圆角或 [半径(R)]:

① 打开"素材 \ch10\ 圆角和倒角边 .dwg"
文件。

② 单击【实体】选项卡→【实体编辑】
面板→【圆角边】按钮。

③ 选择要圆角的边。

④ 在命令行设置圆角边的半径。

⑤ 圆角边后的效果。

10.2.7 倒角边

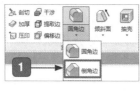

命令: CHAMFEREDGE 距离 1 = 1.0000, 距离 2 = 1.0000
选择一条边或 [环(L)/距离(D)]: d
指定距离 1 或 [表达式(E)] <1.0000>: 0.5

指定距离 2 或 [表达式(E)] <1.0000>: 0.5

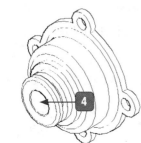

① 单击【实体】选项卡→【实体编辑】
面板→【倒角边】按钮。

② 在命令行设定倒角距离。

③ 选择要倒角的边。

④ 倒角边后的效果。

10.2.8 提取素线

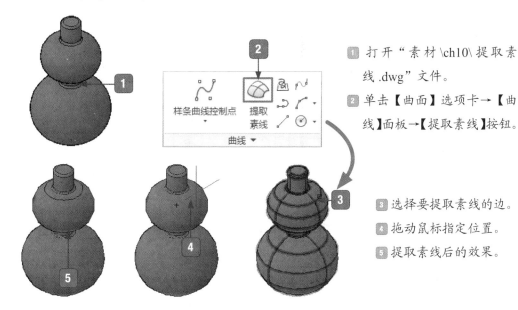

1 打开"素材\ch10\提取素线.dwg"文件。

2 单击【曲面】选项卡→【曲线】面板→【提取素线】按钮。

3 选择要提取素线的边。

4 拖动鼠标指定位置。

5 提取素线后的效果。

10.3 三维面编辑

上一节介绍了三维实体边编辑，这一节来介绍三维实体面编辑。

10.3.1 拉伸面

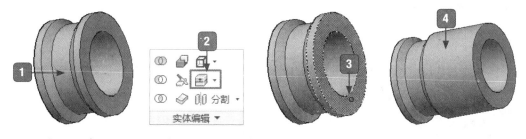

1 打开"素材\ch10\拉伸面.dwg"文件。

2 单击【常用】选项卡→【实体编辑】面板→【拉伸面】按钮。

3 选择要拉伸的面。

4 输入拉伸高度"3"，倾斜角度"0°"，即可拉伸面。

10.3.2　倾斜面

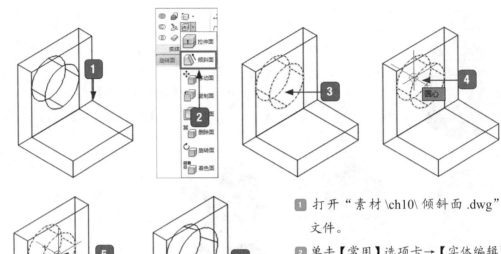

1. 打开"素材\ch10\倾斜面.dwg"文件。

2. 单击【常用】选项卡→【实体编辑】面板→【倾斜面】按钮。

3. 选择要倾斜的面。

4. 选择倾斜轴的基点。

5. 选择倾斜轴的第二个点。

6. 输入倾斜角度"15°"，即可倾斜面。

10.3.3　移动面

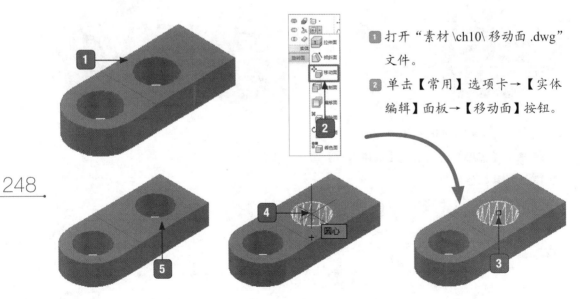

1. 打开"素材\ch10\移动面.dwg"文件。

2. 单击【常用】选项卡→【实体编辑】面板→【移动面】按钮。

③ 选择要移动的面。

④ 指定移动的基点。

⑤ 拖动鼠标指定第二点，即可移动面。

10.3.4　复制面

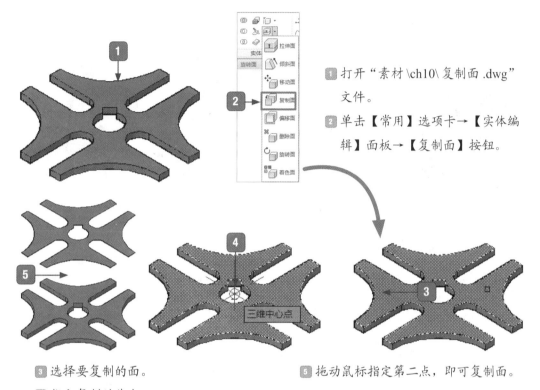

① 打开"素材\ch10\复制面.dwg"文件。

② 单击【常用】选项卡→【实体编辑】面板→【复制面】按钮。

③ 选择要复制的面。

④ 指定复制的基点。

⑤ 拖动鼠标指定第二点，即可复制面。

10.3.5　偏移面

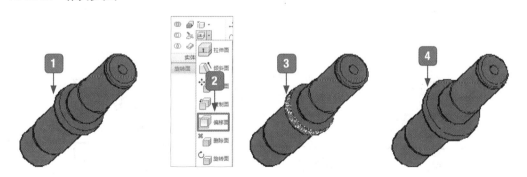

249

① 打开"素材\ch10\偏移面.dwg"文件。

② 单击【常用】选项卡→【实体编辑】面板→【偏移面】按钮。

③ 选择要偏移的面。　　　　　　　④ 输入偏移距离"2"后即可偏移面。

10.3.6 删除面

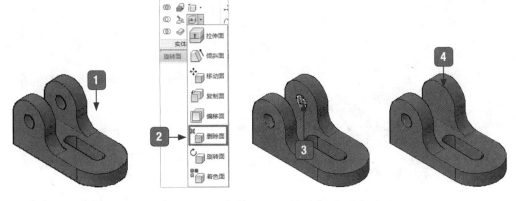

① 打开"素材\ch10\偏移面.dwg"文件。　　③ 选择要删除的面。

② 单击【常用】选项卡→【实体编辑】　　④ 删除面后的效果。
面板→【删除面】按钮。

10.3.7 旋转面

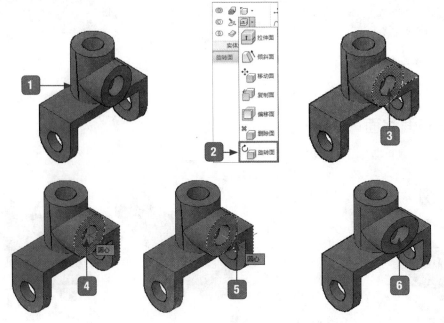

① 打开"素材\ch10\旋转面.dwg"文件。　　② 单击【常用】选项卡→【实体编辑】
面板→【旋转面】按钮。

③ 选择要旋转的面。

④ 选择旋转轴的第一点。

⑤ 选择旋转轴的第二点。

⑥ 输入倾斜角度"15°"，即可旋转面。

10.3.8　着色面

① 打开"素材\ch10\着色面.dwg"文件。

② 单击【常用】选项卡→【实体编辑】面板→【着色面】按钮。

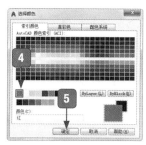

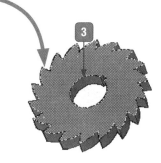

③ 选择要着色的面。

④ 在【选择颜色】对话框中选择【红色】色块。

⑤ 单击【确定】按钮。

⑥ 即可对面进行着色。

10.4　三维体编辑

前面介绍了三维实体边编辑和面编辑，这一节来介绍三维实体体编辑。

10.4.1　剖切

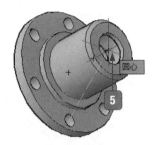  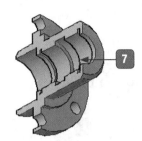

① 打开"素材\ch10\剖切.dwg"文件。

② 单击【常用】选项卡→【实体编辑】

　面板→【剖切】按钮。

③ 选择要剖切的对象。

④ 指定剖切面上的的第一点。

⑤ 指定剖切面上的的第二点。

⑥ 指定剖切面上的的第三点。

⑦ 在需要保留的一侧单击,即可剖切对象。

10.4.2　加厚

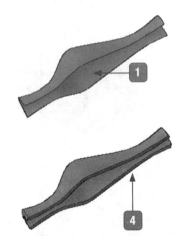  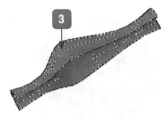

① 打开"素材\ch10\加厚.dwg"文件。

② 单击【常用】选项卡→【实体编辑】面板→【加

　厚】按钮。

③ 选择要加厚的对象。

④ 输入厚度值"10",即可加厚对象。

> **提示:**
> 　　加厚是创建复杂的三维曲线式实体的一种方法,首先创建一个曲面,然后通过加厚将
> 其转换为三维实体。如果选择要加厚某个网格面,则可以先将该网格对象转换为实体或曲
> 面,然后再完成此操作。

10.4.3　分割

1️⃣ 打开"素材\ch10\分割.dwg"文件。　3️⃣ 选择要分割的对象。

2️⃣ 单击【常用】选项卡→【实体编辑】　4️⃣ 分割后的效果。

　面板→【分割】按钮。

小白：分割前后图形没发生变化吗？

大神：分割是将一个三维实体对象分割为几个独立的三维实体对象。如果是并集或差集组合的实体对象可导致生成不连续的实体，如下图所示。需要注意的是，分割实体并不分割形成单一体积的布尔运算对象。

分割前选择对象为一个整体

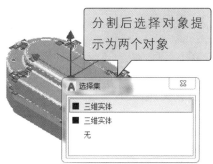

分割后选择对象提示为两个对象

10.4.4 抽壳

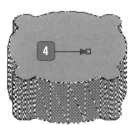

1️⃣ 打开"素材\ch09\抽壳.dwg"文件。

2️⃣ 单击【常用】选项卡→【实体编辑】面板→【抽壳】按钮。

3️⃣ 选择抽壳对象。

4️⃣ 选择删除面。

5️⃣ 输入抽壳距离"12"，结果如图所示。

10.5 三维图形的整体编辑

　　在三维空间中编辑对象时，除了直接使用二维空间中的【移动】【镜像】和【阵列】等编辑命令外，AutoCAD还提供了专门用于编辑三维图形的编辑命令。

10.5.1 三维镜像

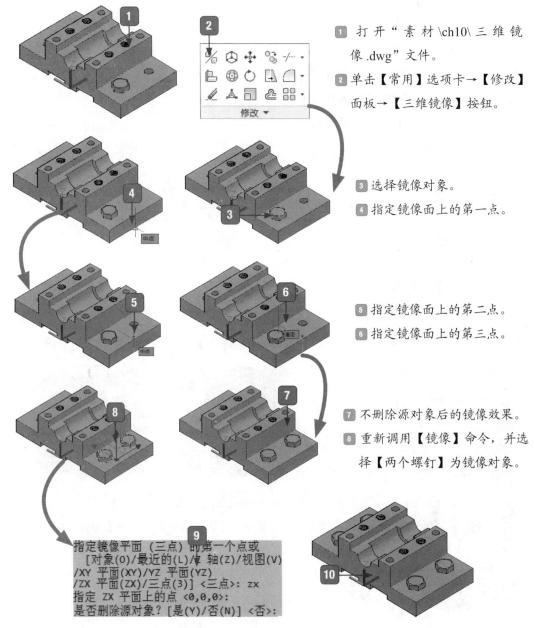

1　打开"素材 \ch10\ 三维镜像.dwg"文件。

2　单击【常用】选项卡→【修改】面板→【三维镜像】按钮。

3　选择镜像对象。

4　指定镜像面上的第一点。

5　指定镜像面上的第二点。

6　指定镜像面上的第三点。

7　不删除源对象后的镜像效果。

8　重新调用【镜像】命令，并选择【两个螺钉】为镜像对象。

```
指定镜像平面 (三点) 的第一个点或
    [对象(O)/最近的(L)/Z 轴(Z)/视图(V)
/XY 平面(XY)/YZ 平面(YZ)
/ZX 平面(ZX)/三点(3)] <三点>: zx
指定 ZX 平面上的点 <0,0,0>:
是否删除源对象? [是(Y)/否(N)] <否>:
```

9　设置 ZX 面为镜像平面，并选择不删除源对象。

10　三维镜像后的效果。

10.5.2 三维对齐

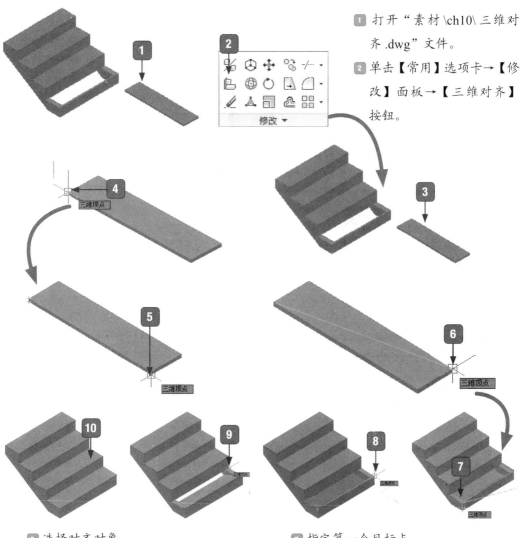

1 打开"素材\ch10\三维对齐.dwg"文件。

2 单击【常用】选项卡→【修改】面板→【三维对齐】按钮。

3 选择对齐对象。

4 指定基点。

5 指定第二点。

6 指定第三点。

7 指定第一个目标点。

8 指定第二个目标点。

9 指定第三个目标点。

10 三维对齐后的效果。

255

10.5.3 三维旋转

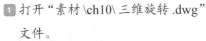

1. 打开"素材\ch10\三维旋转.dwg"
   文件。

2. 单击【常用】选项卡→【修改】
   面板→【三维旋转】按钮。

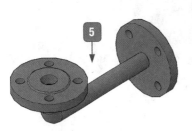

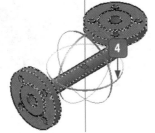

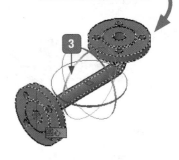

3. 选择旋转对象并指定旋转基点。

4. 选择蓝色轴为旋转轴。

5. 输入旋转角度"180°"，即可进行三
   维旋转。

> **提示:**
>
> AutoCAD 中默认 X 轴为红色，Y 轴为绿色，Z 轴为蓝色。

10.6 综合实战——创建三维泵体连接件

泵体连接件的创建过程中主要应用到的命令有长方体、圆柱体、圆角边、
阵列、差集、并集、拉伸等。

三维泵体连接件完成后效果如下图所示。

10.6.1 创建方形接头

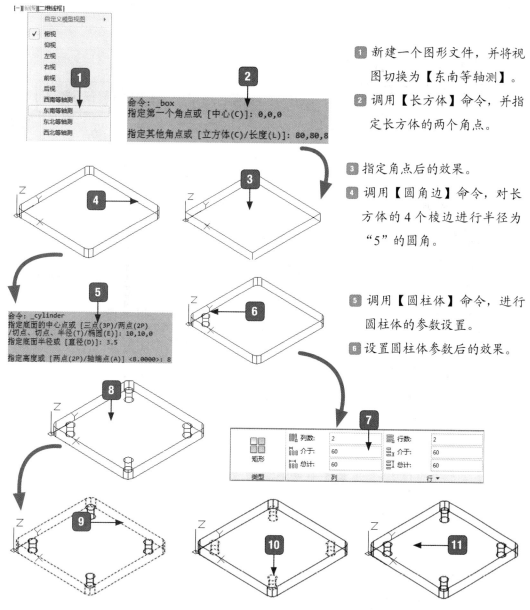

1️⃣ 新建一个图形文件，并将视图切换为【东南等轴测】。

2️⃣ 调用【长方体】命令，并指定长方体的两个角点。

```
命令: _box
指定第一个角点或 [中心(C)]: 0,0,0
指定其他角点或 [立方体(C)/长度(L)]: 80,80,8
```

3️⃣ 指定角点后的效果。

4️⃣ 调用【圆角边】命令，对长方体的 4 个棱边进行半径为"5"的圆角。

5️⃣ 调用【圆柱体】命令，进行圆柱体的参数设置。

```
命令: _cylinder
指定底面的中心点或 [三点(3P)/两点(2P)
/切点、切点、半径(T)/椭圆(E)]: 10,10,0
指定底面半径或 [直径(D)]: 3.5
指定高度或 [两点(2P)/轴端点(A)] <8.0000>: 8
```

6️⃣ 设置圆柱体参数后的效果。

矩形	🗔 列数:	2	🗔 行数:	2
	介于:	60	介于:	60
	总计:	60	总计:	60
类型	列		行 ▾	

7️⃣ 调用【矩形阵列】命令，选择【圆柱体】为阵列对象，进行阵列参数设置。

8️⃣ 设置阵列参数后的效果。

9️⃣ 调用【差集】命令，并选择【长方体】为从中减去对象的对象。

🔟 选择 4 个圆柱体为减去的对象。

⑪ 创建方形接头后的效果。

小白：差集后和差集前的效果区别不是很明显，很多线都重合在一起了，图看着很凌乱，怎

么能让图看起来前后有明显区别呢？

大神：三维图形中，二维线宽方便图形的绘制，但观察起来确实比较凌乱，可以通过【隐藏】命令来观察图形，如下图所示。

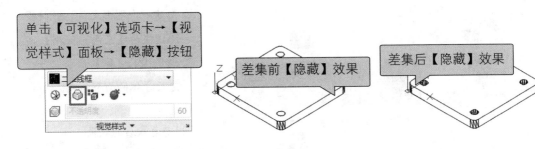

单击【可视化】选项卡→【视觉样式】面板→【隐藏】按钮

差集前【隐藏】效果

差集后【隐藏】效果

10.6.2 创建通孔

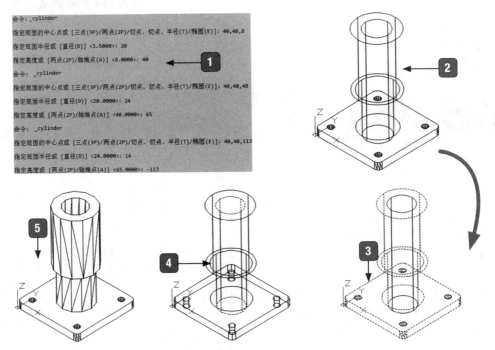

1 调用【圆柱体】命令，绘制 3 个圆柱体。

2 绘制圆柱体后的效果。

3 调用【并集】命令，选择需要合并的对象。

4 调用【差集】命令，选择上一步合并后的对象为要减去对象的对象，选择需要的圆柱体为减去的对象。

5 创建的通孔效果。

10.6.3　创建盘形接头

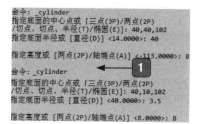

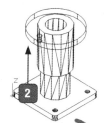

1 调用【圆柱体】命令，绘制两个圆柱体。

2 绘制圆柱体后的效果。

3 调用【环形阵列】命令，选择小圆柱体为阵列对象，并捕捉此圆心为阵列中心点。

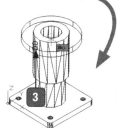

4 设置【环形阵列】的数目和填充角度。

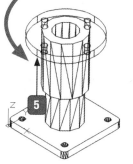

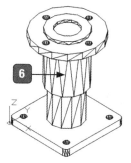

5 进行环形阵列。

6 调用【差集】命令，将阵列后的小圆柱体从大圆柱体中减去。再调用【并集】命令，将所有对象合并为一个整体。

10.6.4　创建分支接头

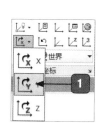

1 单击【常用】选项卡→【坐标】→【Y轴】按钮。

2 坐标系绕 Y 轴旋转"90°"后效果如图所示。

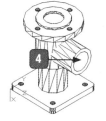

3 调用【圆柱体】命令，绘制两个圆柱体。

4 进行圆柱体的绘制。

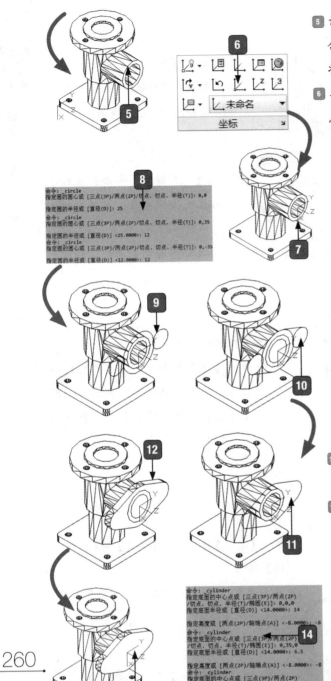

5 调用【并集】命令，将大圆柱体和整体合在一起，然后再调用【差集】命令，将小圆柱体从中减去。

6 单击【常用】选项卡→【坐标】→【原点】按钮。

7 指定坐标原点。

8 调用【圆】命令，绘制 3 个圆。

9 绘制圆后的效果。

10 调用【直线】命令，将圆连接起来。

11 调用【修剪】命令，修剪后效果如图所示。

12 调用【面域】命令，将修剪后的图形创建为一个面域。然后调用【拉伸】命令，将面域拉伸为 "-8"。

13 调用【并集】命令，将所有图形合并在一起。

14 调用【圆柱体】命令，绘制 3 个圆柱体。

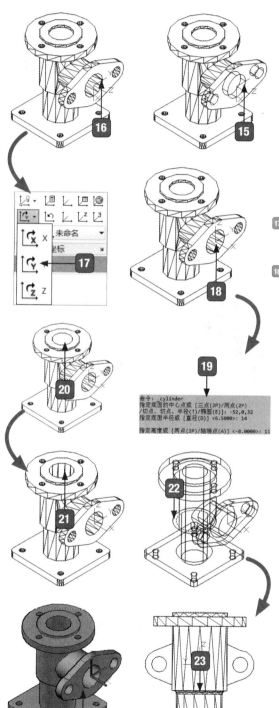

15 绘制圆柱体后的效果。

16 调用【差集】命令，将 3 个圆柱体从
　整体中减去。

17 单击【常用】选项卡→【坐标】→【Y轴】
　按钮。

18 坐标系绕 Y 轴旋转"90°"后效果如图
　所示。

19 调用【圆柱体】命令，绘制一个圆
　柱体。

20 绘制一个圆柱体后效果。

命令: _cylinder
指定底面的中心点或 [三点(3P)/两点(2P)
/切点、切点、半径(T)/椭圆(E)]: -52,0,32
指定底面半径或 [直径(D)] <6.5000>: 14
指定高度或 [两点(2P)/轴端点(A)] <-8.0000>: 11

21 调用【差集】命令，将新建的圆柱体
　从整体中减去。

22 调用【圆角边】命令，选择图示边为
　圆角对象，将【圆角半径】设置为"3"。

23 将视图切换为【左视图】以便于观察圆
　角情况。

24 将视图切换为【东南等轴测】，然后将【视
　觉样式】切换为【灰度】后的效果。

261

痛点解析

痛点 1：偏移面为什么正值变小，负值反而变大

小白：大神，我在进行偏移面编辑时，为什么输入的偏移值为正值，孔反而变小了呢？

大神：使用正的偏移值将增加实体的体积。如果偏移面是实体轴，则正偏移值使得轴变大，如果偏移面是一个孔，正的偏移值将使得孔变小，因为它将最终使得实体体积变大。

① 打开"结果 \ch10\ 偏移面 .dwg"文件。

② 单击【常用】选项卡→【实体编辑】→【偏移面】按钮。

③ 选择偏移面。

④ 输入偏移距离"1"后的效果。

痛点 2：倾斜面的倾斜方向控制

小白：大神，倾斜面的倾斜方向如何控制，怎么有时候向外侧偏移，有时向内侧偏移？

大神：为了控制倾斜面向哪一端倾斜，需要指定一个基点和第二个点。实体的基点一侧不倾斜，AutoCAD 使面从基点向第二个点的方向倾斜。此外，正的角度使面向内倾斜，使孔向外倾斜；负的角度使面向外倾斜，使孔向内倾斜。

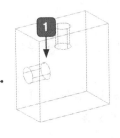
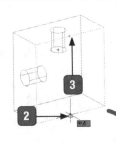

① 打开"素材 \ch10\倾斜面方向控制 .dwg"文件。

② 调用【倾斜面】命令，指定中点为基点。

③ 指定上边中点为第二个点。

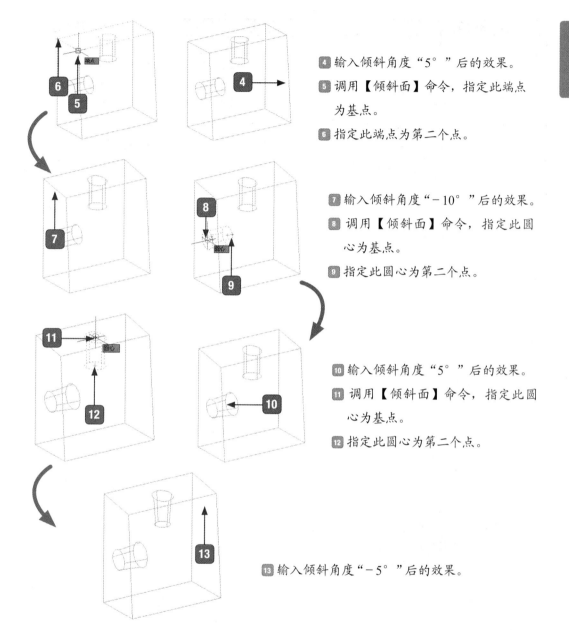

4 输入倾斜角度"5°"后的效果。

5 调用【倾斜面】命令，指定此端点为基点。

6 指定此端点为第二个点。

7 输入倾斜角度"-10°"后的效果。

8 调用【倾斜面】命令，指定此圆心为基点。

9 指定此圆心为第二个点。

10 输入倾斜角度"5°"后的效果。

11 调用【倾斜面】命令，指定此圆心为基点。

12 指定此圆心为第二个点。

13 输入倾斜角度"-5°"后的效果。

🎓 大神支招

1. 适用于三维图形的二维编辑命令

小白：相比于二维图形的编辑命令，三维图形的编辑命令也太少了吧？

大神：其实不是三维图形的编辑命令少，而是很多二维编辑命令可以在三维图形中继续应用，移动、复制、阵列命令等。能在三维图形使用的二维编辑命令如下表所示。

命令	在三维绘图中的用法	命令	在三维绘图中的用法
删除（E）	与二维相同	缩放（SC）	可用于三维对象
复制（CO）	与二维相同	拉伸（S）	在三维空间可用于二维对象、线框和曲面
镜像（MI）	镜像线在二维平面上时，可以用于三维对象	拉长（LEN）	在三维空间只能用于二维对象
偏移（O）	在三维中也只能用于二维对象	修剪（TR）	有专门的三维选项
阵列（AR）	与二维相同	延伸（EX）	有专门的三维选项
移动（M）	与二维相同	打断（BR）	在三维空间只能用于二维对象
旋转（RO）	可用于 XY 平面上的三维对象	倒角（CHA）	有专门的三维选项
对齐（AL）	可用于三维对象	圆角（F）	有专门的三维选项
分解（X）	与二维相同		

2. 实体和曲面之间如何转换

小白： 有没有什么命令能将实体和曲面相互转换？

大神： 还真被你说中了，AutoCAD 中还真有这样的命令。该命令的具体使用方法如下。

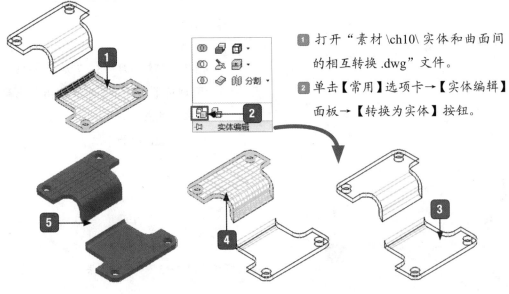

1 打开 "素材 \ch10\ 实体和曲面间的相互转换 .dwg" 文件。

2 单击【常用】选项卡→【实体编辑】面板→【转换为实体】按钮。

3 选择下面的曲面后的效果。

4 选择【转换为曲面】选项，将上面的实体转换为曲面。

5 将【视觉样式】切换为【真实】后的效果如图所示。

第 11 章

AutoCAD 360 快速入门

>>> AutoCAD 360 的下载安装。

>>> AutoCAD 360 的界面介绍。

这一章就来告诉你 AutoCAD 360 的使用技巧！

11.1 AutoCAD 360 的下载安装

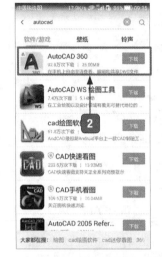

1 在【PP助手】输入【Autocad】，然后点击 按钮。

2 选择【AutoCAD 360】选项，并点击【下载】按钮。

3 即可显示下载进度。

4 下载完成后点击【安装】按钮。

5 不用进行任何操作，程序自行安装，需要持续几分钟。

6 安装完成后点击【完成】按钮退出安装。

11.2 AutoCAD 360 的界面简介

1. 注册与登录

  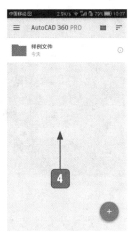

1. 点击手机桌面上的【AutoCAD 360】图标。

2. 第一次打开时会提示【登录】或【注册】，

如果没有账号，需要注册新账号。

3. 注册完成后将自动登录。

4. 登录后界面。

2. 个性设置

 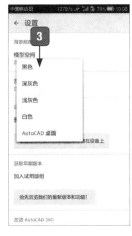 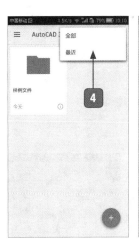 

1. 点击左上角的 ≡ 按钮。

2. 在弹出的下拉菜单中选择【设置】选项。

3. 在【设置】界面中点击【模型空间】，在弹出的列表中选择【白色】选项。

4. 点击右上角的 ≡ 按钮，选择显示【全部】文档还是【最近】操作的文档。

5. 点击 ▦ 按钮，改变文件列表显示的形式。

3. AutoCAD 360 绘图界面简介

   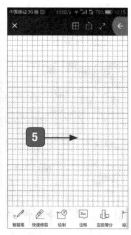

1️⃣ 点击 ➕ 按钮。　　　　　　　　　　　　　按钮。

2️⃣ 点击【创建新文件】图标。　　　　　4️⃣ 打开文件的快慢与手机配置相关。

3️⃣ 修改文件的名称，然后点击【确定】　5️⃣ 打开文件后的界面。

提示：
　　配置较低的手机或打开程序较多的手机，可能需要几分钟才能打开。

 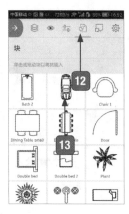  

6 点击■按钮，即可关闭栅格。

7 点击按钮，可以将文件转换为【PDF】格式。

8 点击←按钮。

9 点击按钮，可以新建图层。

10 点击◉按钮，可以切换空间模式。

11 在【三维实体】选项卡中可以选择视图。

12 点击按钮，可以插入 AutoCAD 360 自带的图块。

13 点击【car】图标，将汽车图块插入图形中。

14 插入图块后的图形效果。

15 点击按钮。

16 点击【对象捕捉模式】按钮，设置捕捉模式。

17 点击按钮。

18 点击按钮，全屏显示，再点击按钮返回。

界面底部各按钮的含义及点击后的二级菜单如下表所示。

按钮	含义及点击后的二级菜单
✏	智能笔：点击此按钮，在绘图区域随意绘制大体形状，智能笔将识别它们并将其转换为完美的直线、圆弧或矩形
✏	快速修剪：点击此按钮后，只需在要删除的对象的分段上拖动，即可将其删除。还可以点击某一分段以修剪它
⌖	绘制：点击此按钮后，弹出二级菜单，点击相应的图标就可以绘图了，如下图所示 直线　多段线　矩形　圆　圆弧 直线：点击并拖动绘制直线，在单位框内点击输入准确值 多段线：点击并拖动绘制具有多个线段的多段线，在单位框内点击为每个线段输入准确的长度 矩形：点击并拖动绘制矩形，在单元框内点击为矩形的侧边输入准确的值 圆：首先点击此按钮设置圆心，然后设置半径，在单元框内点击为矩形输入准确的半径值 圆弧：点击此按钮设置圆弧的第一个和最后一个点，然后拖动圆弧设置其方向

按钮	含义及点击后的二级菜单
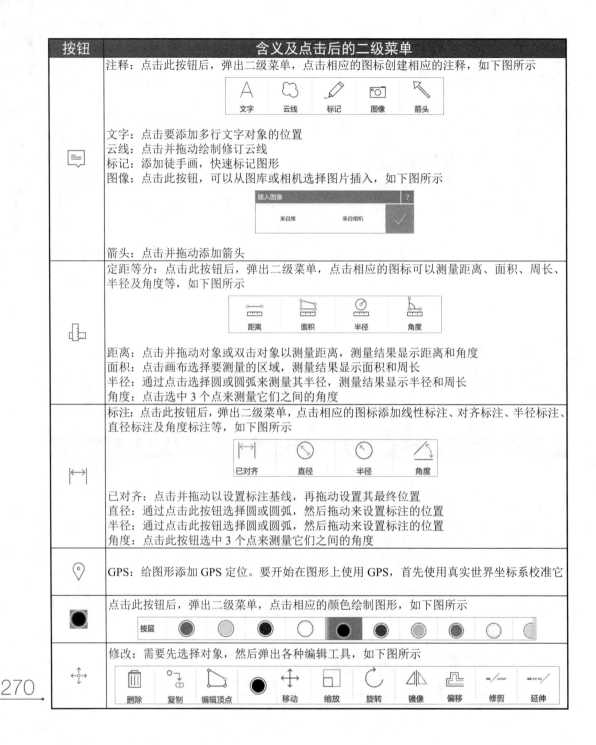	

注释：点击此按钮后，弹出二级菜单，点击相应的图标创建相应的注释，如下图所示

文字　云线　标记　图像　箭头

文字：点击要添加多行文字对象的位置
云线：点击并拖动绘制修订云线
标记：添加徒手画，快速标记图形
图像：点击此按钮，可以从图库或相机选择图片插入，如下图所示

插入图像　来自库　来自相机

箭头：点击并拖动添加箭头

定距等分：点击此按钮后，弹出二级菜单，点击相应的图标可以测量距离、面积、周长、半径及角度等，如下图所示

距离　面积　半径　角度

距离：点击并拖动对象或双击对象以测量距离，测量结果显示距离和角度
面积：点击画布选择要测量的区域，测量结果显示面积和周长
半径：通过点击选择圆或圆弧来测量其半径，测量结果显示半径和周长
角度：点击选中 3 个点来测量它们之间的角度

标注：点击此按钮后，弹出二级菜单，点击相应的图标添加线性标注、对齐标注、半径标注、直径标注及角度标注等，如下图所示

已对齐　直径　半径　角度

已对齐：点击并拖动以设置标注基线，再拖动设置其最终位置
直径：通过点击此按钮选择圆或圆弧，然后拖动来设置标注的位置
半径：通过点击此按钮选择圆或圆弧，然后拖动来设置标注的位置
角度：点击此按钮选中 3 个点来测量它们之间的角度

GPS：给图形添加 GPS 定位。要开始在图形上使用 GPS，首先使用真实世界坐标系校准它

点击此按钮后，弹出二级菜单，点击相应的颜色绘制图形，如下图所示

按层

修改：需要先选择对象，然后弹出各种编辑工具，如下图所示

删除　复制　编辑顶点　移动　缩放　旋转　镜像　偏移　修剪　延伸

第 12 章

AutoCAD 360 的绘图与编辑

>>> 如何打开存储空间上的文件？

>>> 测量工具如何使用？

>>> AutoCAD 360 的绘图与电脑 AutoCAD 绘图有
什么区别？

>>> AutoCAD 360 的编辑命令有哪些？

这一章将告诉你 AutoCAD 360 的绘图与编辑
技巧！

12.1 打开存储空间上的文件

1 点击 **+** 按钮。

2 选择【从设备上打开】选项。

3 点击【文件管理】图标。

4 选择存储空间上的文件。

> **提示**：如果用户已经在 AutoCAD 360 的绘图界面，临时想切换存储空间上的图形，可以直接点击 **×** 按钮，同样可以退回到步骤 1 的操作界面。

12.2 测量

AutoCAD 360 可以对导入对象的距离、半径、角度、面积等进行测量。

12.2.1 测量距离和半径

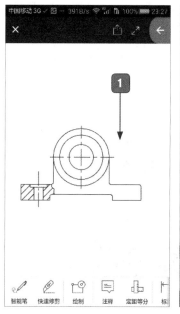
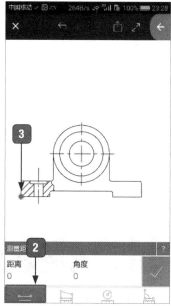
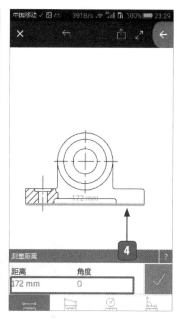

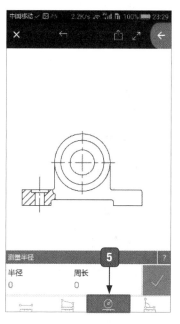
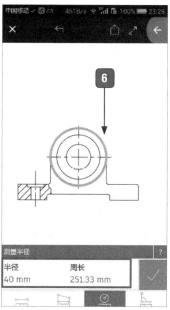

1 打开"测量距离与半径 .dwg"文件。

2 点击【定距等分】→【距离】按钮。

3 指定测试距离的第一个点。

4 指定测试距离的第二个点后，测量结果显示在下面。

5 点击【定距等分】→【半径】按钮。

6 点击最大的圆，测量结果显示在下面。

12.2.2 测量角度

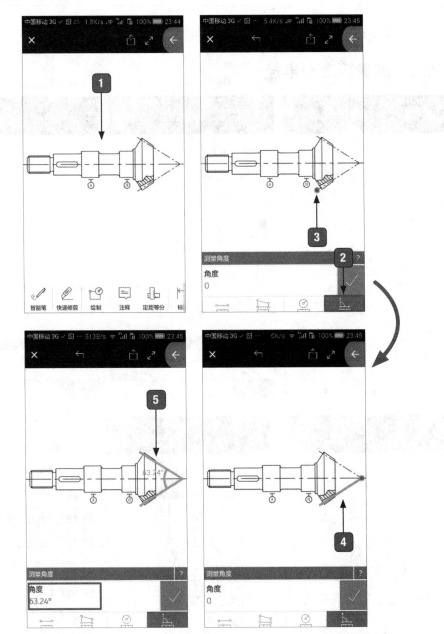

1 打开"测量角度.dwg"文件。

2 点击【定距等分】→【角度】按钮。

3 指定测试角度的第一个点。

4 指定测试角度的第二个点。

5 指定测试角度的第三个点后，测量结果显示在下面。

12.2.3 测量面积

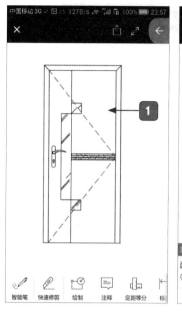

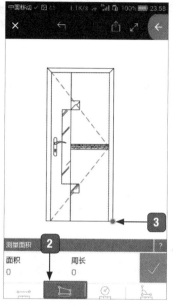

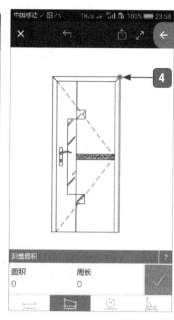

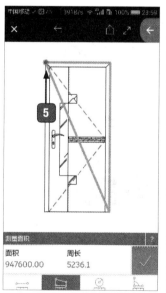

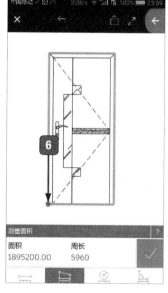

1 打开"测量面积.dwg"文件。

2 点击【定距等分】→【面积】按钮。

3 指定测试面积的第一个点。

4 指定测量面积的第二个点。

5 指定测量面积的第三个点。

6 指定测量面积的第四个点后，测量结果显示在下面。

275

12.3 标注

　　和 AutoCAD 2017 一样，AutoCAD 360 也可以对图形进行线性、对齐、角度、半径以及直径等对象进行标注。

12.3.1 线性、对齐和角度标注

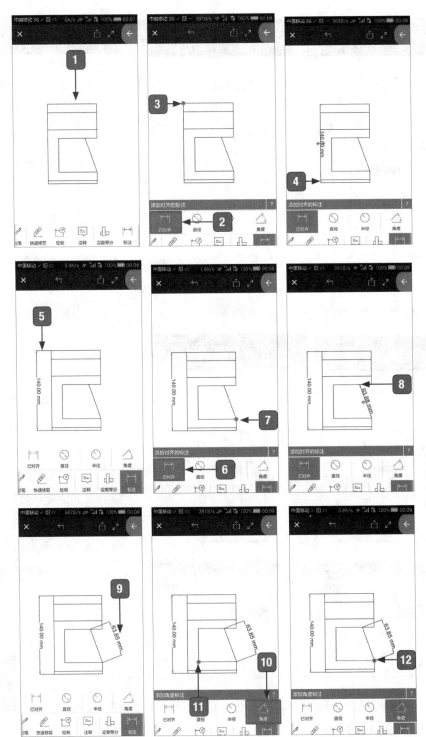

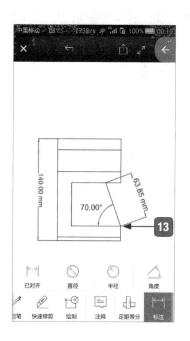

1 打开"线性、对齐和角度标注 .dwg"文件。

2 点击【标注】→【已对齐】按钮。

3 指定标注的第一点尺寸接线点。

4 指定标注的第二点尺寸接线点。

5 点击 ↔ 箭头，将尺寸线放置到合适的位置。

6 点击【标注】→【已对齐】按钮。

7 指定标注的第一点尺寸接线点。

8 指定标注的第二点尺寸接线点。

9 点击 ↔ 箭头，将尺寸线放置到合适的位置。

10 点击【标注】→【角度】按钮。

11 指定角度的第一点。

12 指定角度的第二点。

13 指定角度的第三点后，测量结果显示在下面。

12.3.2 半径、直径标注

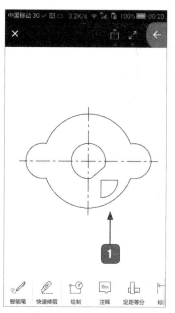

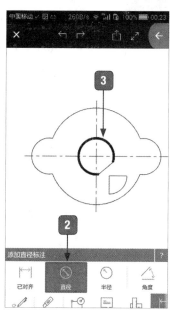

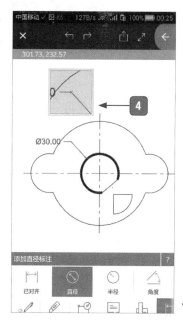

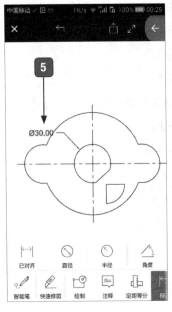

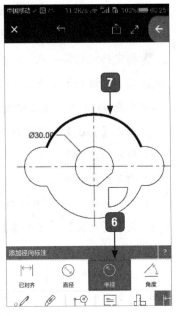

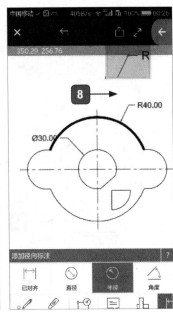

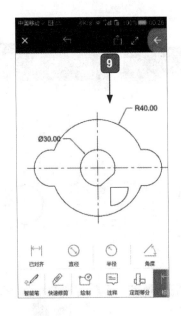

1 打开"半径、直径标注.dwg"文件。

2 点击【标注】→【直径】按钮。

3 点击要标注直径的圆弧。

4 拖动指定尺寸线放置的位置。

5 即可看到标注结果。

6 点击【标注】→【半径】按钮。

7 点击要标注半径的圆弧。

8 拖动指定尺寸线放置的位置。

9 即可看到最后的标注结果。

12.4 绘图

绘图是 AutoCAD 360 的核心内容之一，AutoCAD 360 的绘图功能主要包括直线、多段线、矩形、圆以及圆弧等。

12.4.1 智能笔绘图

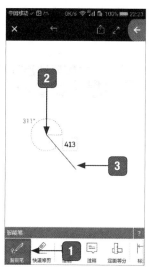

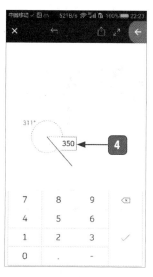

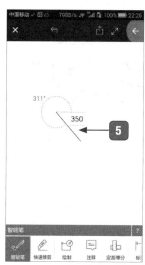

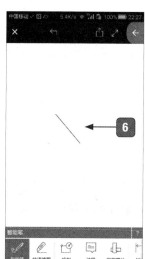

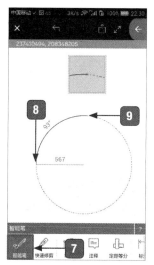

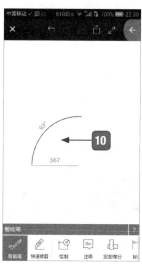

1 点击【智能笔】按钮。

2 点击指定起点。

3 拖动指定第二点。

4 在输入框内输入准确的长度值。

5 点击√后的效果。

6 在空白处点击后效果。

7 点击【智能笔】按钮。

8 点击指定起点。

9 拖动指定第二点。

10 松开手指，即可看到智能笔绘图效果。

小白：智能笔绘制直线和圆弧的方法、步骤一模一样，怎么确定绘制的是直线还是圆弧？

大神：AutoAD 360 会根据拖动情况智能识别是直线还是圆弧。

小白：智能笔在绘制直线时，长度可以通过输入框来准确设定，那角度如何准确设定呢？

大神：如果有精确角度要求，在绘制直线时，可以只关注角度，确定准确的角度、长度等绘制完成后进行修改。如果角度要求到小数，则通过智能笔绘制后，再通过【修改】→【旋转】命令来编辑。

12.4.2 绘制直线

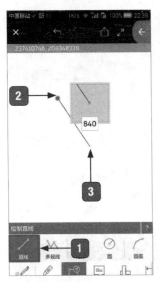 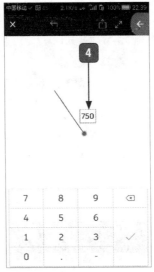 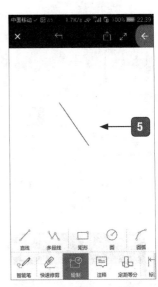

1 点击【绘制】→【直线】按钮。

2 点击指定起点。

3 拖动指定第二点。

4 在输入框内输入准确的长度值。

5 在空白处点击，即可看到绘制的直线效果。

12.4.3 绘制多段线

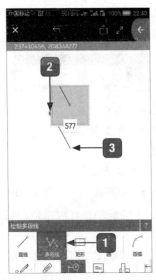 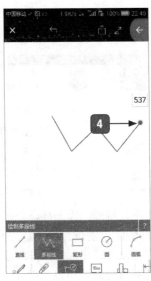 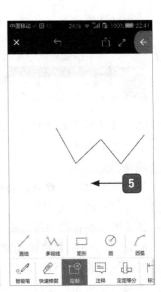

1 点击【绘制】→【多段线】按钮。

2 点击指定起点。

3 拖动指定第二点。

4 继续指定其他点。

5 在空白处点击，即可看到绘制的多段线效果。

12.4.4 绘制矩形

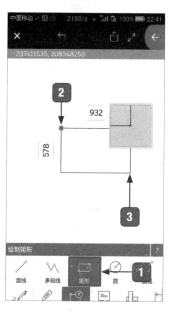

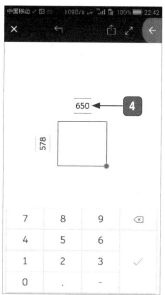

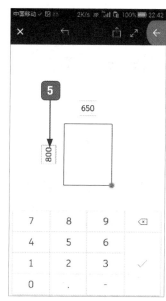

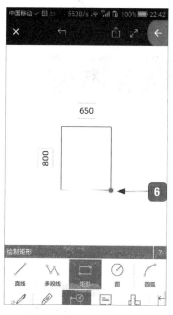

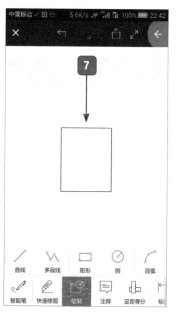

1 点击【绘制】→【矩形】按钮。

2 点击指定第一个角点。

3 拖动手指指定第二点个角点。

4 在第一个输入框内输入准确值。

5 在第二个输入框内输入准确值。

6 点击√按钮后的效果。

7 在空白处点击，即可看到绘制的矩形效果。

281

12.4.5 绘制圆

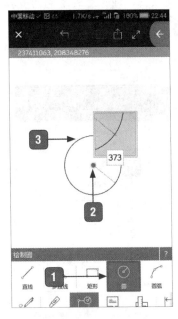 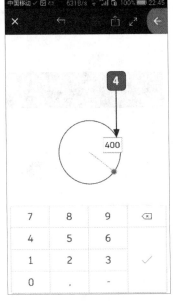 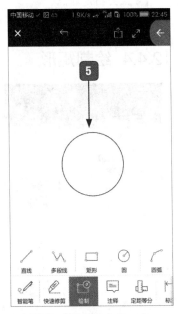

1. 点击【绘制】→【圆】按钮。

2. 点击指定圆心。

3. 手指拖动指定半径。

4. 在输入框内输入准确值。

5. 在空白处点击，即可看到绘制的圆效果。

12.4.6 绘制圆弧

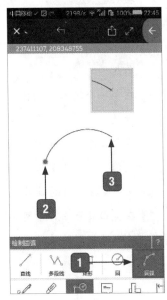 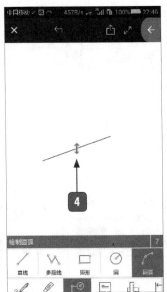 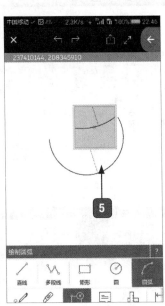

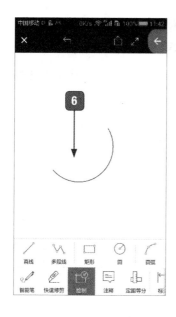

1 点击【绘制】→【圆弧】按钮。

2 点击指定圆弧的起点。

3 手指拖动指定圆弧的终点。

4 按住 ↕ 图标拖动。

5 显示圆弧的形状和大小，在
合适的位置松开。

6 即可看到绘制的圆弧效果。

12.5 编辑

AutoCAD 360 不仅可以绘制图形，还可以对图形进行编辑，AutoCAD 360
的编辑功能主要有：复制、移动、缩放、旋转、镜像、偏移、修剪、延伸、删除等。

12.5.1 复制对象

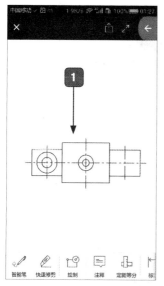

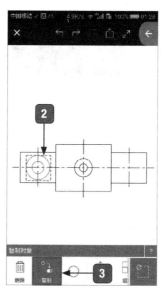

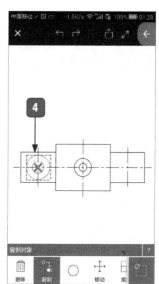

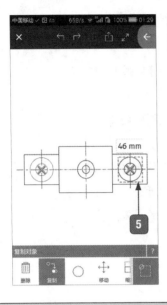
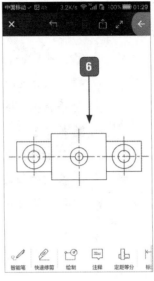

1 打开"复制对象.dwg"
文件。

2 选择图示图形。

3 点击【修改】→【复制】
按钮。

4 指定复制基点。

5 指定复制的第二点。

6 在空白处点击确定，即可
看到复制的对象。

提示:

只有在选中编辑对象后，【修改】按钮的二级菜单才会显示。

小白：我怎么不能正好选中想要的编辑对象，如何选中复杂的编辑对象啊？

大神：选择复杂对象有两种方法，第一种方法是在对象旁边点击，AutoCAD 360 会智能判
断你选择的对象和范围。第二种方法就像 AutoCAD 选择对象时一样，拖动手指，从
左至右画一个矩形框，完全在框内的被选中，或者从右向左画一个矩形框，只要和矩
形框相交的都被选中。

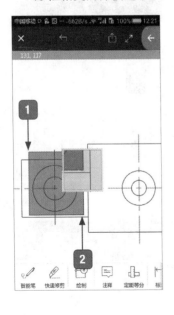
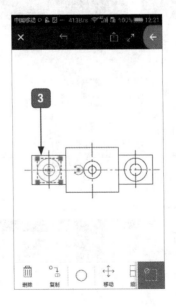

1 手指点击。

2 拖动手指，选中
编辑的对象。

3 即可将编辑对象
选中。

12.5.2 移动对象

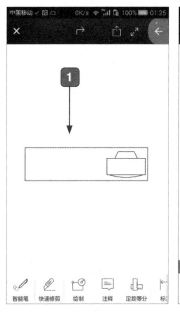

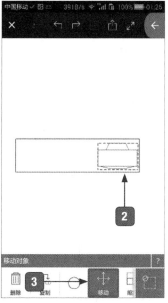

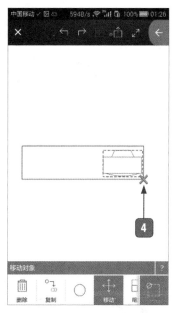

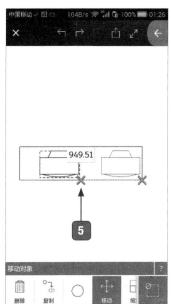

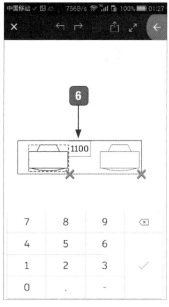

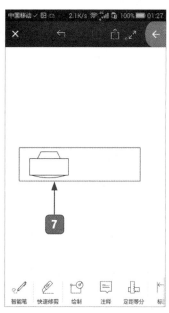

① 打开"移动对象.dwg"文件。

② 选择图示图形。

③ 点击【修改】→【移动】按钮。

④ 指定移动基点。

⑤ 指定移动的第二点。

⑥ 在输入框内输入准确的移动距离。

⑦ 移动对象后的效果。

12.5.3 缩放对象

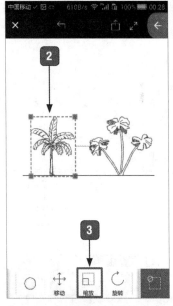
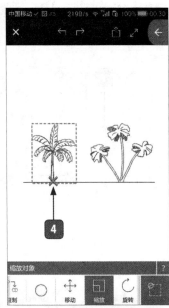

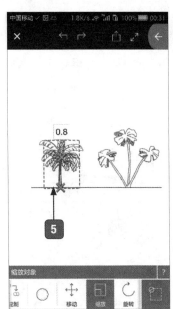
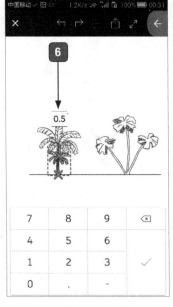

1 打开"缩放对象.dwg"文件。

2 选择图示图形。

3 点击【修改】→【缩放】按钮。

4 指定缩放基点。

5 拖动手指指定缩放比例。

6 在输入框内输入准确的缩放比例。

7 缩放对象后的效果。

12.5.4 旋转对象

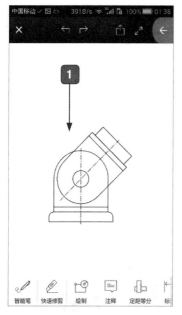

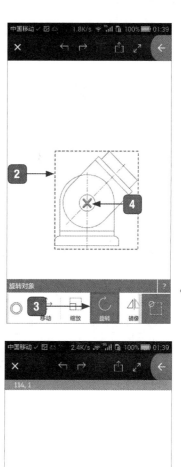

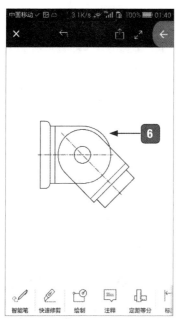

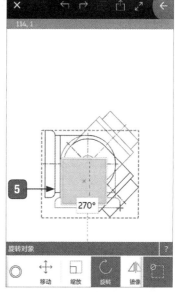

287

1 打开"旋转对象.dwg"文件。

2 选择图示图形。

3 点击【修改】→【旋转】按钮。

4 指定旋转的基点。

5 拖动手指指定旋转角度。

6 旋转对象后的效果。

12.5.5 镜像对象

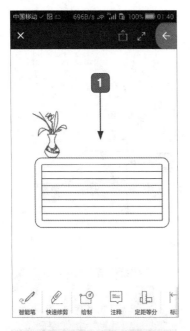

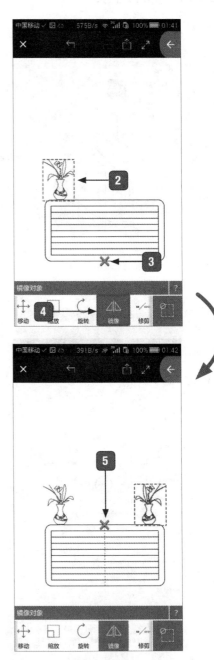

1 打开"镜像对象.dwg"文件。

2 选择图示图形。

3 点击【修改】→【镜像】按钮。

4 指定镜像线上的第一点。

5 指定镜像线上的第二点。

6 镜像对象后的效果。

12.5.6 偏移对象

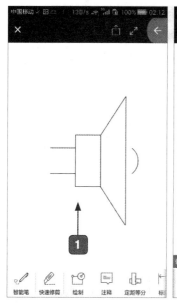

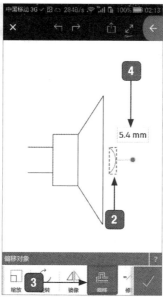

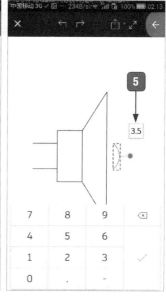

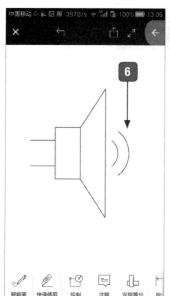

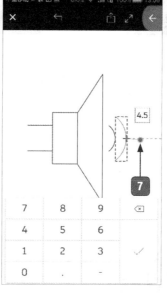

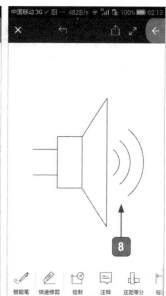

① 打开"偏移对象 .dwg"文件。

② 选择图示图形。

③ 点击【修改】→【偏移】按钮。

④ 拖动手指指定偏移距离。

⑤ 在输入框中修改偏移值。

⑥ 进行对象偏移。

⑦ 重复【偏移】命令，选择【偏移】对象，并输入偏移值。

⑧ 偏移对象后的效果。

12.5.7 修剪对象

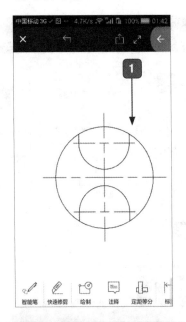

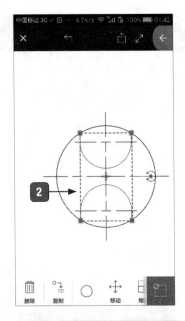

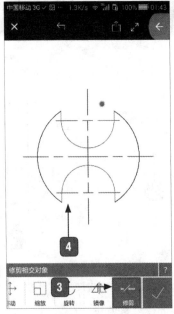

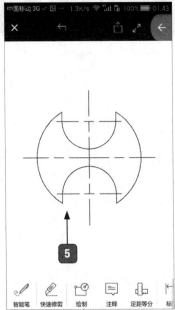

1 打开"修剪对象.dwg"文件。

2 选择图示图形。

3 点击【修改】→【修剪】按钮。

4 点击需要修剪的对象。

5 修剪对象后的效果。

12.5.8 延伸对象

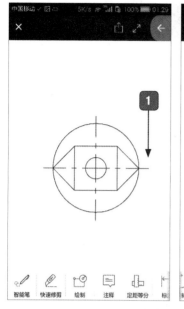

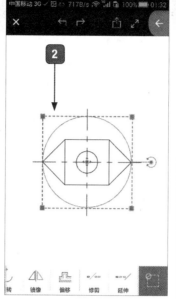

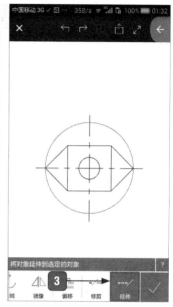

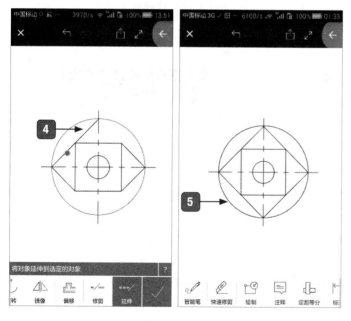

1 打开"延伸对象.dwg"
   文件。

2 选择图示图形。

3 点击【修改】→【延伸】
   按钮。

4 选择要延伸的对象。

5 延伸对象后的效果。

12.5.9 删除对象

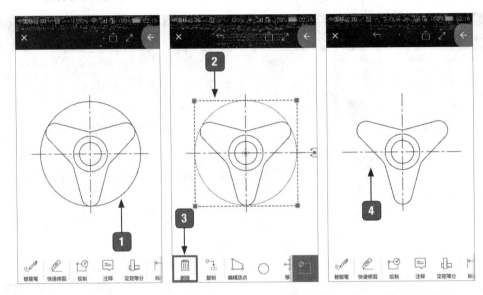

1️⃣ 打开"删除对象.dwg"文件。

2️⃣ 选择图示图形。

3️⃣ 点击【修改】→【删除】按钮。

4️⃣ 删除对象后的效果。

12.5.10 快速修剪对象

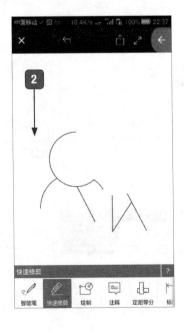

1️⃣ 点击【快速修剪】按钮。

2️⃣ 点击需要修剪的对象后的效果。